儿童速读版
SHIWANGE WEISHENME

十万个为什么

宇宙·地球

总策划／邢涛　主编／龚勋

汕头大学出版社

最新十万个为什么 [宇宙·地球]

ZUIXIN SHIWAN GE WEISHENME
Why 100,000

前言

　　孩子们对宇宙包括我们的地球家园提出过很多个"为什么"，为了满足他们对宇宙和地球的求知欲，我们特意精心编写了这本《宇宙·地球》。

　　本书分为两章，第一章"神秘的宇宙"先带领孩子们从浩瀚的宇宙空间进入太阳系，在认识了太阳系中的成员后，又回到地球，仰望星空，一一辨认宇宙中的众多面孔，一一回答有关宇宙探索的各种问题；第二章"美丽的地球"着重介绍我们的地球家园，让孩子们认识地球的身体构造、地表的各类地形以及地球上的各种气象及环境知识。

　　为了向孩子们更好地诠释问题的答案，本书还相应地配置了一些图片，有的是珍贵的卫星照片，有的是简单的原理图，有的是别具情境的实物图。这些图片会使孩子们更加直观、深刻地理解深奥的宇宙知识。

　　希望这本书能为孩子们构筑广阔的知识天空，让他们在仰望繁星满天的夜空时，为头脑中的"为什么"找到答案！

目录
CONTENTS

第一章
shenmi de yuzhou
神秘的宇宙

- 14　宇宙是怎么诞生的？
- 15　宇宙中都有些什么？
- 15　宇宙也在"长个儿"吗？
- 16　宇宙中的"岛屿"指的是什么？
- 16　星系的形状都一样吗？
- 17　星系的"身体构造"是什么样的？
- 18　银河真的是天上的河流吗？
- 19　银河系为什么会长"手臂"？
- 19　银河系会像河一样流动吗？
- 20　黑洞是个"贪吃"的家伙吗？
- 20　类星体究竟是怎么回事？
- 21　类星体的速度比光速还快吗？
- 22　星云是宇宙中的"云彩"吗？
- 22　星云的"长相"都一样吗？
- 23　怎样区分亮星云和暗星云？
- 23　星云未来的命运是相同的吗？
- 24　恒星是怎么"出生"的？
- 24　恒星的位置永远不变吗？
- 25　恒星是怎样度过一生的？
- 26　恒星燃烧的能量从哪儿来？
- 26　恒星的"个头儿"都一样吗？
- 27　为什么恒星的颜色不一样？
- 28　恒星也能"聚会"吗？
- 28　为什么说太阳系是个大家庭？
- 29　为什么太阳系的成员爱运动？
- 30　太阳系的中心天体是谁？

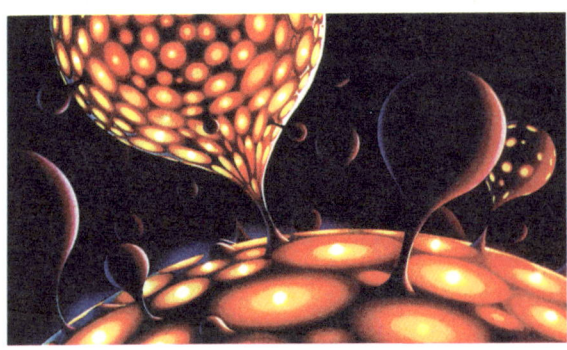

30 为什么说太阳是普通的恒星？
31 太阳还能活多久？
32 为什么太阳会"发抖"？
32 为什么太阳有时"戴帽子"？
33 为什么太阳"脸"上有斑点？
33 为什么黑子越多，太阳越亮？
34 太阳上也会刮风吗？
34 为什么会发生日食？
35 为什么会出现钻石环？
35 行星自己会发光吗？
36 行星是如何围绕太阳运动的？
36 为什么水星上没有水？
37 为什么说水星是"飞毛腿"？
38 为什么水星爱玩"捉迷藏"？
38 太阳系最亮的行星是哪颗？
39 什么时候才能看到金星？

39 为什么说金星上的大气能压扁人？
40 什么是金星凌日？
40 在金星上太阳西升东落吗？
41 火星与地球有哪些相像的地方？
41 为什么火星"穿着红衣服"？
42 火星上有大气吗？
42 为什么说火星"脾气暴躁"？
43 为什么要在火星上寻找生命？
43 行星中的"小巨人"是谁？
44 为什么木星上的一天很短？
44 木星"脸"上的大红斑是什么？
45 木星上有磁场吗？
45 为什么称木星为"小太阳系"？
46 为什么土星戴着"顶链"？
47 为什么说土星是"虚胖子"？
47 土星上会刮风暴吗？
48 太阳系中的"冷美人"是谁？
48 为什么说天王星很"懒"？
49 天王星也有美丽的光环吗？

49 天王星的姊妹行星是谁？	55 为什么月球表面有很多"疤痕"？
50 "笔尖下发现的行星"是哪颗？	56 月亮真的会被天狗吃掉吗？
50 为什么海王星上总刮风暴？	56 什么时候能看到月食？
51 海王星最明显的标志是什么？	57 为什么月亮会变形？
51 "八星连珠"会引起灾难吗？	58 什么是上弦月？
52 小行星带是怎么回事？	58 为什么只能看到月亮的正面？
52 小行星的"个头儿"很小吗？	59 为什么月亮表面明暗相间？
53 小行星的形状都是圆的吗？	59 我们可以到月球上居住吗？
53 小行星会把行星撞伤吗？	60 人类的脚印仍留在月球上吗？
54 谁与行星相依相伴？	60 在月球上，人会跳得很高吗？
54 为什么月球与地球形影不离？	61 月球上有哪些资源可以利用？
	61 月球上的土壤可以做水泥吗？
	62 为什么彗星拖着长"尾巴"？
	62 彗星的"尾巴"会变化吗？
	63 彗星都只有一条"尾巴"吗？
	63 彗星都定期回归吗？
	64 为什么会出现流星？
	64 流星发出的光是什么颜色的？
	65 流星会"唱歌"吗？
	65 火流星是怎么回事？

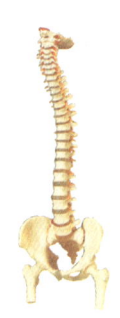

66　为什么后半夜看到的流星多？
66　为什么说流星雨是"太空烟花"？
67　每年出现的流星雨都一样多吗？
67　为什么说陨石是"太空化石"？
68　什么是陨石雨？
68　为什么南极的陨石多？
69　为什么陨石坑有大有小？
69　众多的星星会"撞架"吗？
70　为什么白天看不到星星？
70　我能数清天上的星星吗？
71　怎样辨别星星的身份？
72　星星可以预报天气情况吗？
73　任何地方看到的星座都一样吗？
73　为什么月亮旁常有一颗亮星？
74　星座在天空中会变位置吗？
74　不同季节看到的星座相同吗？
75　牛郎星和织女星能"见面"吗？

75　为什么通过北斗星确定季节？
76　怎样在天空中找到北极星？
76　为什么用北极星来辨别方向？
77　北极星永远不动吗？
77　为什么没有"南极星"？
78　为什么夏天看到的星星多？
78　冬春季节最亮的星星是哪颗？
79　为什么月亮总跟着我们走？
79　太阳和月亮能同时出现吗？

第二章
meili de diqiu
美丽的地球

- 82 地球是如何产生的？
- 82 地球是不是宇宙的中心？
- 83 为什么说地球的外形像大鸭梨？
- 83 地球究竟有多大？
- 84 为什么说地球像块大磁铁？
- 84 地球里面有什么？
- 85 从太空看，地球是什么样子？
- 85 经线和纬线是怎么划分的？
- 86 什么是赤道？
- 86 南、北回归线指的是什么？
- 87 为什么地球上会有四季？
- 88 为什么我国北方的春天很短？
- 88 夏天热是因为地球离太阳近吗？
- 89 二十四节气是怎么制定的？
- 90 为什么南极比北极冷？
- 90 地球上最热的地方在哪儿？
- 91 为什么最热的地方不在赤道上？
- 91 地轴真的存在吗？
- 92 为什么地球会绕轴自转？
- 92 为什么会有白天和黑夜？
- 93 地球上有昼夜永远等长的地方吗？
- 94 为什么说大气层是地球的外衣？
- 95 臭氧层有什么作用？
- 95 为什么臭氧层会被破坏？
- 96 为什么地磁场也有保护作用？
- 96 为什么地球上会有生命？
- 97 什么是生物圈？
- 98 为什么地球会"震怒"？

98	为什么地震前会产生地光?	113	岩石是怎么形成的?
99	怎样区分地震的强度?	114	不同种类的岩石能相互转化吗?
100	什么是大陆漂移学说?	115	土壤是怎么形成的?
101	七大洲、四大洋指的都是什么?	115	为什么土壤会有各种颜色?
101	为什么说太平洋不太平?	116	为什么黑色的土壤很肥沃?
102	为什么大海是蓝色的?	116	为什么黄土高原上有那么多黄土?
102	为什么远处海天相接?	117	化石是地球历史的见证吗?
103	为什么海水咸咸的?	118	为什么岛屿会时隐时现?
103	海水会越来越咸吗?	118	为什么冰川会"走路"?
104	为什么大海会有潮汐?	119	为什么说冰川是大地的刻刀?
104	为什么大海会"暴怒"?	120	滑坡和泥石流是一回事吗?
105	为什么大海不容易结冰?	120	为什么河流弯弯曲曲的?
106	海底也高低不平吗?	121	为什么大河入海处有三角洲?
107	为什么海平面也高低不平?		
107	为什么红海有时是红色的?		
108	黑海是黑色的吗?		
108	为什么火山口上有湖泊?		
109	为什么火山会"发火"?		
110	为什么日本的火山比较多?		
110	只有陆地上才有火山吗?		
111	火山喷发会带来什么影响?		
112	为什么会形成断层?		
112	褶皱是怎么回事?		

127　为什么人能浮在死海海面上？
127　世界上最大的湖是哪个？
128　沼泽地是怎么形成的？
128　山脉是怎么"长"出来的？
129　喜马拉雅山从前是大海吗？
130　云南的石林是怎么形成的？
130　为什么钟乳石和石笋相对生长？
131　盆地是"挖"出来的吗？
132　为什么称吐鲁番盆地中部为火焰山？
132　平原是怎么形成的？
133　"魔鬼城"是谁建造的？
134　沙漠是怎么形成的？

122　为什么黄河的水是黄色的？
122　瀑布是怎样形成的？
123　为什么瀑布最终会消失？
124　湖泊是怎么形成的？
124　外流湖和内流湖有什么区别？
125　什么是堰塞湖？
125　为什么湖泊有咸淡之分？
126　贝加尔湖中怎么会有海洋生物？
126　湖水可以同时出现不同颜色吗？

134　为什么沙漠地区昼夜温差大？
135　为什么沙漠中会出现绿洲？
136　沙漠中的沙子都是黄色的吗？
136　为什么有的沙子会"唱歌"？
137　为什么月牙泉不会干涸？
137　为什么沙丘会移动呢？
138　为什么会出现沙尘暴？
138　为什么森林能够防风？
139　为什么说森林是"绿色空调"？

139	为什么森林能制造大量氧气？	150	为什么先看到闪电，后听到雷声？
140	为什么晴空是蔚蓝色的？	150	为什么夏天会下冰雹？
140	为什么雨后会出现彩虹？	151	冬天也会下冰雹吗？
141	冬天可以看到彩虹吗？	151	雪是怎么形成的？
141	为什么会有环形彩虹？	152	雪都是白色的吗？
142	海市蜃楼是怎么形成的？	152	雪花都有六个瓣吗？
142	绚丽的极光是如何形成的？	153	雪花的形状都一样吗？
143	奇妙的佛光是怎么回事？	153	为什么说瑞雪兆丰年？
144	风是怎么形成的？	154	为什么会发生雪崩？
144	风的大小是用什么来表示的？	154	为什么在雪山上不能大声说话？
145	为什么会刮龙卷风？	155	雾是怎么形成的？
146	云是怎样形成的？	155	霜和露是一回事吗？
146	为什么云彩有明有暗？	156	地球上的水会相互转化吗？
147	为什么云彩的形状千变万化？	157	什么是厄尔尼诺现象？
148	为什么会下雨？	157	什么是拉尼娜现象？
148	干雨是怎么回事？	158	为什么地球会变暖？
149	酸雨是怎么形成的？	158	天气预报是怎么做出来的？
149	雷电是怎么产生的？	159	为什么说地下有个"大热库"？

ZUIXIN SHIWAN GE WEISHENME

最新十万个为什么 Why 100,000

| 第一章 |

shenmi de yuzhou

神秘的宇宙

宇宙广阔无边，我们在夜空下看到的满天星星只是宇宙中极小极小的一部分。那么，宇宙是怎么诞生的？宇宙也在"长个儿"吗？银河系会像河一样流动吗？太阳系的中心天体是谁？为什么水星上没有水？我们可以到月球上居住吗？……相信你一定对人类所处的宇宙空间充满了好奇，脑海中闪现过一个又一个疑问。这一章将为你揭开宇宙美丽而神秘的面纱，让你很快找到问题的答案哟！

宇宙是怎么诞生的？

宇宙和小朋友们一样，也有着诞生和成长的过程。大约在100亿年前，宇宙中所有的东西全都集中在一个温度特别高、密度特别大的点上。后来，这个点在瞬间发生了大爆炸，不断地向四面八方膨胀。宇宙中的基本物质就在这次爆炸中出现了，它们经历亿万年的积聚，形成巨大的天体，如星系、太阳系、行星等，这些天体以及它们所在的空间共同形成了现在的宇宙。

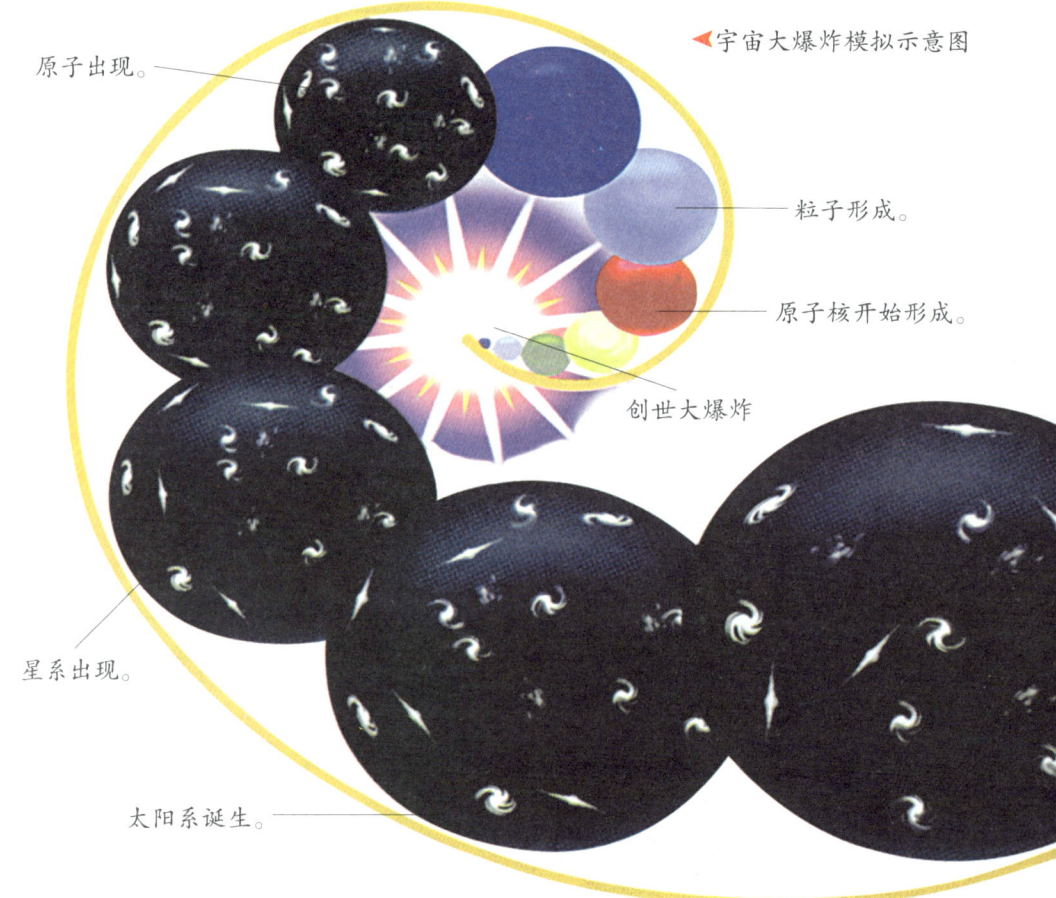

◀宇宙大爆炸模拟示意图

原子出现。

粒子形成。

原子核开始形成。

创世大爆炸

星系出现。

太阳系诞生。

宇宙中都有些什么？

宇宙浩瀚无边，包括宇宙空间、各种天体和各种弥漫的物质。众多的星星就属于天体，它们之间的宇宙空间中存在着气体和一些极小的固体尘埃。宇宙中有各种各样的天体，包括行星、太阳系、恒星、星团等。

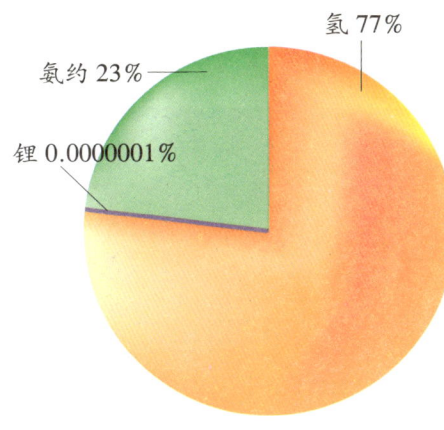

▲宇宙诞生初期的物质成分
（氢77%，氦约23%，锂0.0000001%）

宇宙也在"长个儿"吗？

宇宙自爆炸产生后，就在不断地膨胀，它的"个头儿"越变越大，就像我们在茁壮成长一样。在"长个儿"的过程中，宇宙中所有的物质都在向与彼此相反的方向移动。比如，银河系以外的其他星系都在远离我们。这种远离是由星系之间的空间膨胀引起的。

今日的宇宙

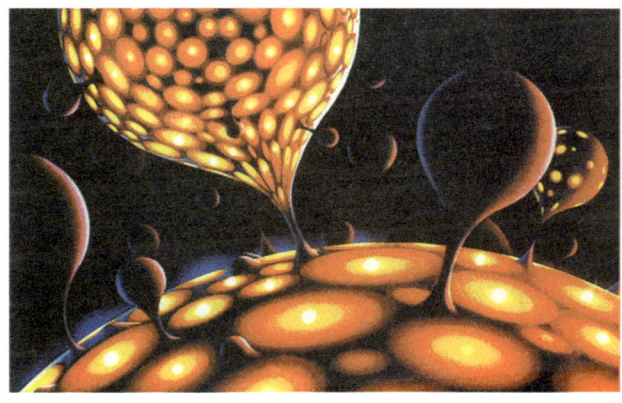

▶宇宙自产生后，一直在不停地"长个儿"。

宇宙中的"岛屿"指的是什么？

宇宙就像无边无际的海洋，在这个"海洋"中，有无数"岛屿"。这些岛屿被天文学家命名为星系。星系特别大，主要是由无数的恒星和弥漫在恒星之间的星际物质构成的。宇宙中的星系之间离得都非常遥远。

▲星系就像茫茫宇宙中的岛屿。

星系的形状都一样吗？

虽然宇宙中的星系很多，但是形状完全相同的星系是不存在的。它们的"外貌"就像我们人类一样，各有各的独特之处。不过，一些星系的形状有共同的地方，所以我们根据它们形状的相通之处，大致上把众多的星系分成三大类：椭圆星系、旋涡星系和不规则星系。

▲星系分类图

神秘的宇宙

▲ 浩瀚的宇宙中有数不清的星系。

星系的"身体构造"是什么样的？

星系的"身体构造"太复杂了，科学家在研究时就把星系主要分成星系核、星系盘、星系冕等几部分。其中，星系核是星系的核心，里面有恒星、电离的气体、磁场、高能粒子等物质；星系盘的"长相"很像盛菜的盘子，里面有大量气体、暗云和尘埃；星系冕环绕在星系的可见部分之外，它的"个头儿"非常大。

▶ 星系结构示意图

▲ 车轮星系

17

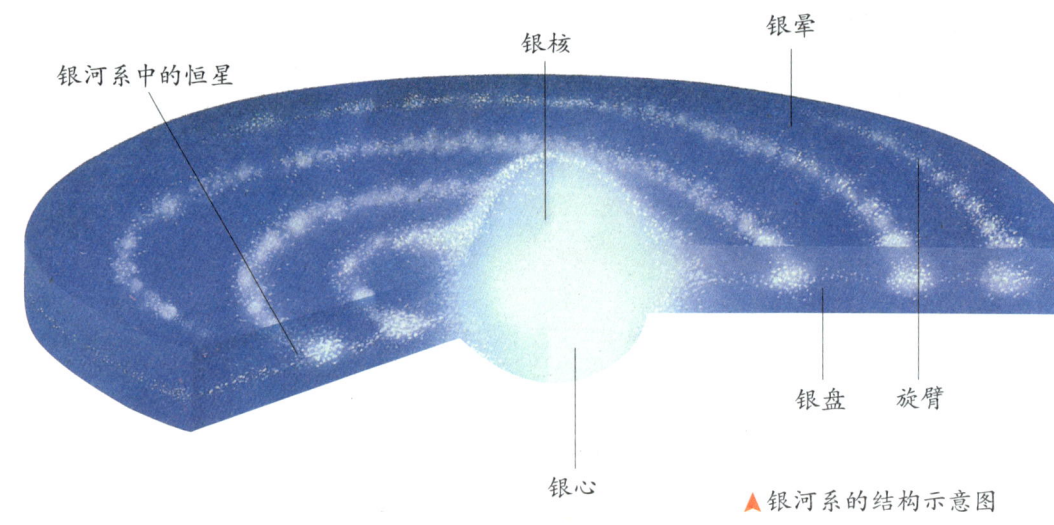

▲银河系的结构示意图

银河真的是天上的河流吗？

在晴朗的夜空，我们仰望天空的时候，会发现有一条类似大河的带子横贯天空，这就是银河。爷爷奶奶常说，银河是天上的河流，这是真的吗？其实，天上没有河，我们所看到的银河只是银河系的一部分。银河系是一个星系，里面有许多星星聚集在一起。由于我们看到的这些星星距离地球太远了，所以看上去它们好像组成了一条银色的河流。

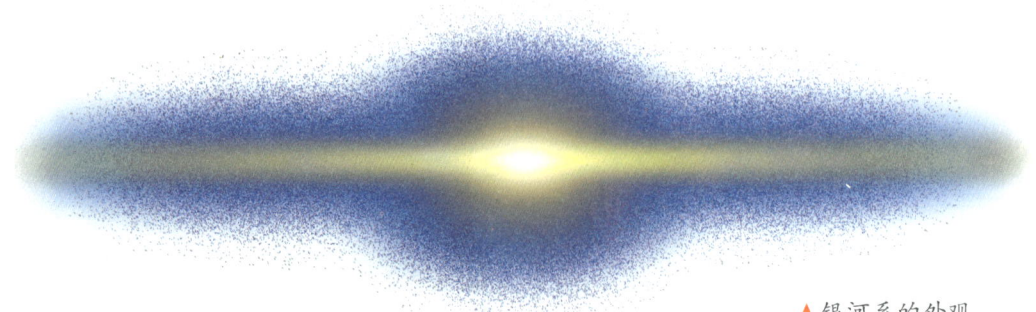

▲银河系的外观

银河系为什么会长"手臂"？

如果俯瞰银河系，你会发现它有四条长长的"手臂"。原来，银河系中的恒星并不是均匀分布的，各种星际物质分别形成了星云、开放星团、新星等。这些物质聚合在一起，由里向外呈螺旋状伸出，看上去就像"手臂"，所以被形象地称为旋臂。

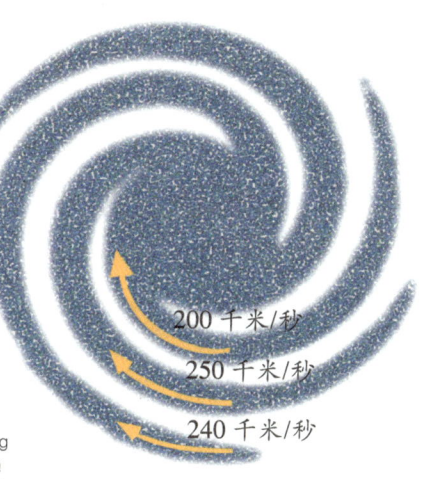

▲银河系的各条旋臂运动速度各不相同。

200千米/秒
250千米/秒
240千米/秒

银河系会像河一样流动吗？

银河系时刻都在运动着，但是它的运动方式与河流不太一样。银河系的运动主要表现为自转，也就是说，整个银河系在绕着银心不停地打转。同时，银盘上所有的恒星也都沿着各自的轨道，有秩序地围绕银心旋转。银河系的每个区域自转速度并不一样。

◀用电磁波观测到的银河系

黑洞是个"贪吃"的家伙吗?

黑洞是科学家假想存在的天体。它并不是黑色的大窟窿,而是无影无形的。黑洞的确很"贪吃",因为它具有非常大的引力,能把周围的任何东西都吸到它的身边。恒星、尘埃都是黑洞的"美食",就连光线也不能从黑洞的"嘴"边逃脱。

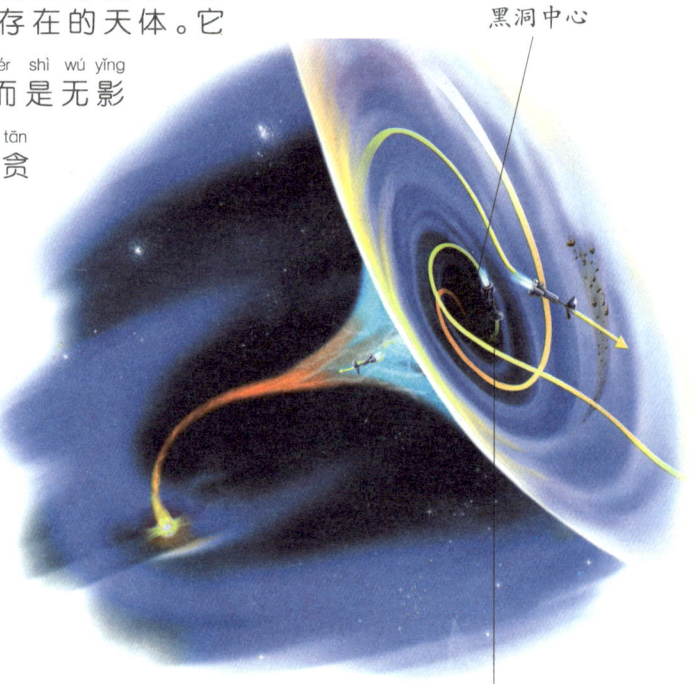

黑洞中心

物体被吸进黑洞。

▲黑洞的引力

类星体究竟是怎么回事?

类星体又叫类星射电源,距离地球十分遥远,它的"个头儿"在宇宙成员中不算大,但发出的光却比星系亮得多。很多天文学家认为,类星体的中心存在着一个巨大的黑洞,黑洞不断吸收周围的物质,然后释放出巨大的能量,所以才使类星体能放出十分耀眼的光芒。

类星体的速度比光速还快吗？

也许你知道，运动速度最快的物质是光，那你相信还有比光速更快的运动速度吗？类星体就拥有超过光的运动速度，是不是有些不可思议？1977年以来的观测证实，一个名叫3C273的类星体内部有两个向外辐射能量的"源头"，它们正在分离，分离的速度是光速的9倍多呢。后来，科学家们又先后发现了几个超光速的类星体，可见，光速也是可以超越的。

▶ 类星体的运动速度比光还快。

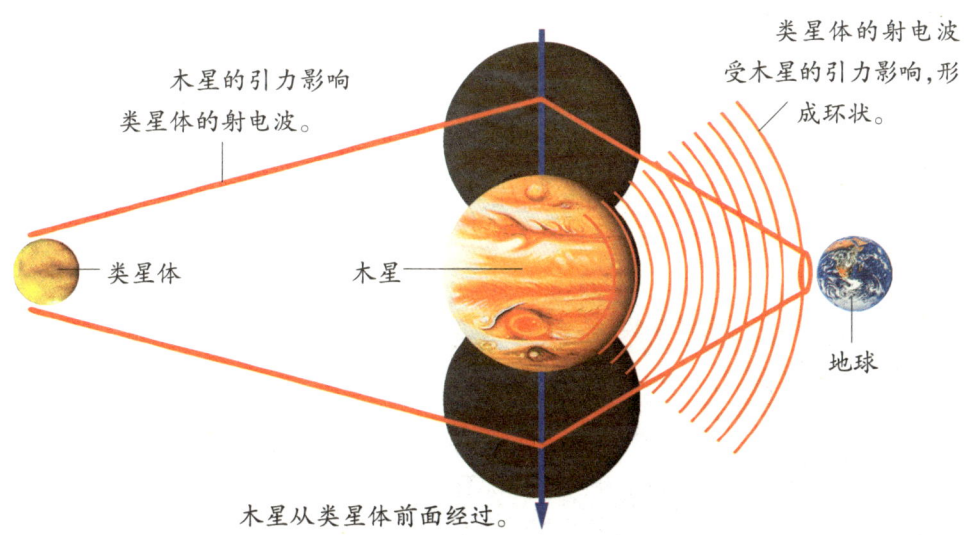

▲ 宇宙深处的一个类星体

星云是宇宙中的"云彩"吗？

星云是由气体和尘埃组成的，而我们平时看到的云彩主要是由飘浮在空中的小水滴构成的，它们是两回事。因为星云的外形像云雾，所以人们就给了它这个名字，千万不要把星云当成云彩哟。

▲太空中的星云姿态万千。

星云的"长相"都一样吗？

由于不同星云中气体和尘埃的含量是不同的，所以星云的"长相"各不相同。从明亮程度上来说，有的星云亮，有的则暗。从星云的形状、颜色来看，它们也各有特点，如弥漫星云没有明显的边界，形状不规则；气体星云通常为红色；尘埃星云多为蓝色。

▲蝴蝶状的星云

◀天鹰星云中心部分的暗星云

怎样区分亮星云和暗星云？

亮星云和暗星云的区别主要在于能否发光。其实，亮星云会发出五颜六色的光，看上去很美丽；而暗星云却不能发光。暗星云出现时，天空中只有一个黑色的轮廓。同时，暗星云还会"蛮不讲理"地挡住它后面的星星发出的光。

▲ 亮星云发出的光很美丽。

星云未来的命运是相同的吗？

由于星云的种类很多，特点千差万别，所以它们未来的命运也不一样。有些星云的气体会十分调皮地在星际空间中扩散并消失；有些星云会很快膨胀，但最后也会消失得无影无踪；还有一些密度极大的星云会在引力的作用下聚在一起，慢慢缩成一团，最后组合成其他的天体。

▶ 右上方的星云正在生成恒星。

恒星是怎么"出生"的？

恒星是一个熊熊燃烧的巨型火球，这个火球"出生"在宇宙深处一个星云密集的地方。在这里，星云的气体在引力的作用下从四面八方向中心挤压，当气体收缩成团时，就会形成一个高温、高密度的气体球。当气体球内部的温度升高到一定程度，会发生剧烈的爆炸并释放出巨大的能量，恒星就这样"诞生"了。

▲ 恒星诞生在星云密集之处。

恒星的位置永远不变吗？

过去，人们认为恒星的位置是永远不变的，所以才给它起了一个这样的名字。但是现在，人们通过观测得知，恒星在运动着，而且它的运动还很有规律呢。恒星有自己的运动方向，并且总是在一定的轨道上运行。

▲ 恒星每时每刻都处于高速的运动之中。

神秘的宇宙

▼ 恒星的演变过程

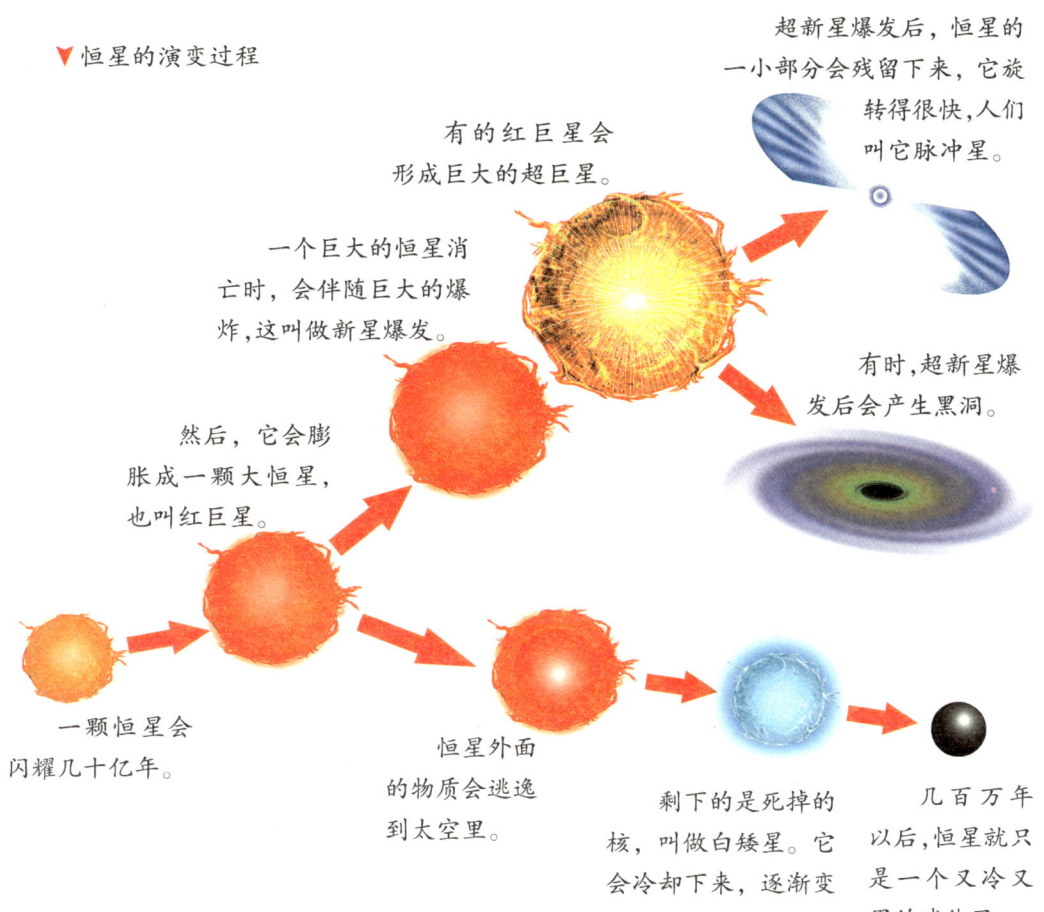

一颗恒星会闪耀几十亿年。

然后，它会膨胀成一颗大恒星，也叫红巨星。

一个巨大的恒星消亡时，会伴随巨大的爆炸，这叫做新星爆发。

有的红巨星会形成巨大的超巨星。

超新星爆发后，恒星的一小部分会残留下来，它旋转得很快，人们叫它脉冲星。

有时，超新星爆发后会产生黑洞。

恒星外面的物质会逃逸到太空里。

剩下的是死掉的核，叫做白矮星。它会冷却下来，逐渐变得暗淡。

几百万年以后，恒星就只是一个又冷又黑的球体了。

恒星是怎样度过一生的？

任何一颗恒星都会经历诞生、成长和衰亡的过程。科学家将恒星的一生分为四个阶段：第一阶段是恒星出生、幼年和少年时期；第二阶段是恒星的壮年时期，现在，大多数恒星都处于这个阶段；在第三阶段，恒星变成一颗红巨星；最后，红巨星进入爆发阶段，慢慢坍缩并结束恒星的一生。

恒星燃烧的能量从哪儿来？

恒星总是在不断地燃烧，放出大量的光和热，那么，它是不是需要很多燃料呢？原来，在恒星的中央，有一个能产生高能高热的核，它就是恒星的"心脏"。这里每时每刻都在进行着核反应，也就是将恒星中的主要燃料氢转变成氦。在核反应的过程中，巨大的能量被释放出来，为恒星燃烧提供能量。

恒星的中心是核反应的场所。

核心释放出来的能量向外传递。

能量在恒星表面以光和热的形式释放出来。

▲ 恒星的能量来源

恒星的"个头儿"都一样吗？

宇宙中有无数颗恒星，它们的"个头儿"差参不齐，甚至相差很大。这些成员中，有的是巨人，有的是侏儒。其中巨星和超巨星是恒星世界中的巨人；白矮星则是恒星世界里的小个子。

◀ 两颗体积不同的恒星

为什么恒星的颜色不一样?

天空中的星星大多数为恒星,虽然它们在我们眼中几乎都是一种颜色,但实际上,它们的色彩很丰富,这主要是因为它们的温度各不相同。通常,恒星的颜色偏蓝时,温度就比较高;颜色偏红时,温度就比较低。例如,最热的恒星呈深蓝色,而最冷的恒星呈红色。这有点类似于我们日常生活中的一种现象:蓝色的火焰温度较高,而红色的火焰温度较低。

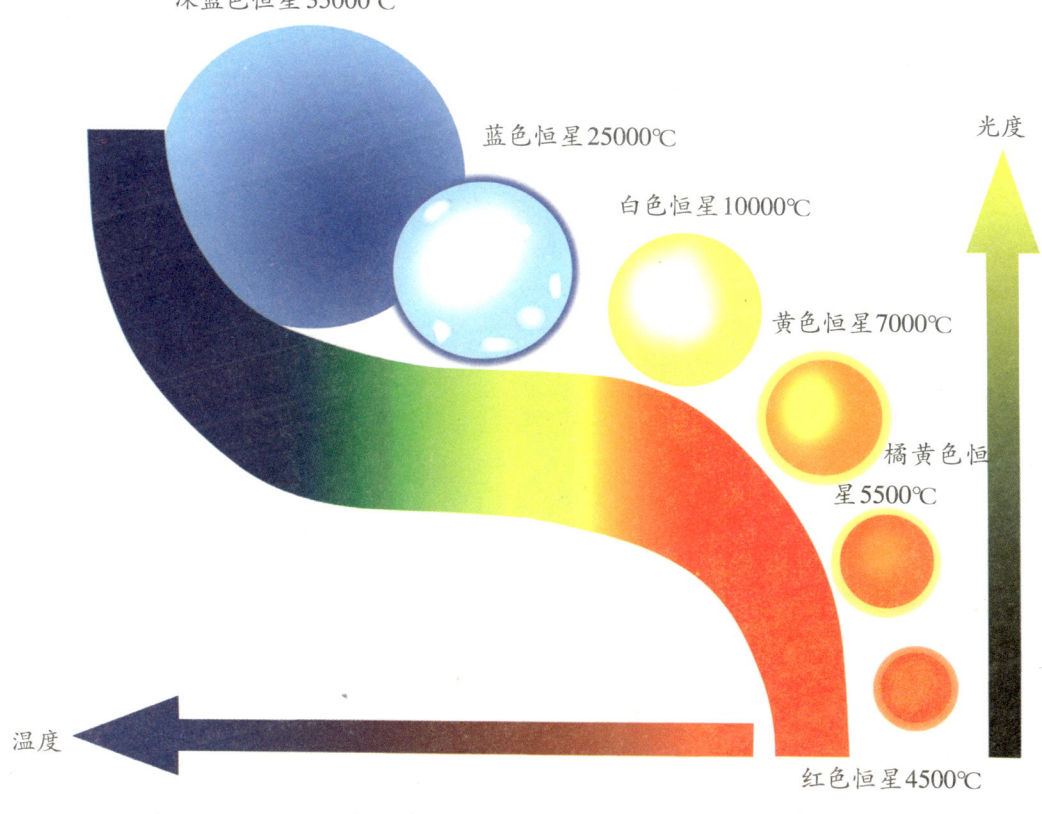

▲ 恒星表面温度和颜色的关系

恒星也能"聚会"吗？

天上的星星各有各的运行方式，彼此间相互的作用力不会让它们随意离开自己所处的轨道，所以，它们当然不会聚在一起啦。不过，宇宙中存在一些恒星系统，它们由多颗恒星在引力的作用下束缚在一起，形成了聚星或星团，看上去好像是一个团结的群体，还真类似于小朋友间的聚会呢。

▲ 星团由10颗以上恒星组成。

为什么说太阳系是个大家庭？

太阳系是一个天体系统，里面成员很多，主要有太阳、八大行星、无数的小行星、众多的卫星、彗星、流星及星体间的物质等。太阳系的成员各有独特的面貌和行为，在太阳"妈妈"的"带领"下有秩序地活动，并且能和睦地相处，所以，我们说太阳系是个大家庭。

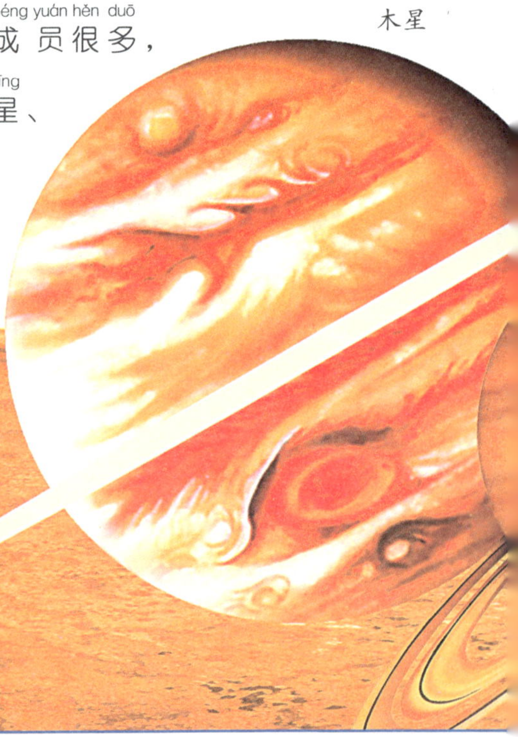

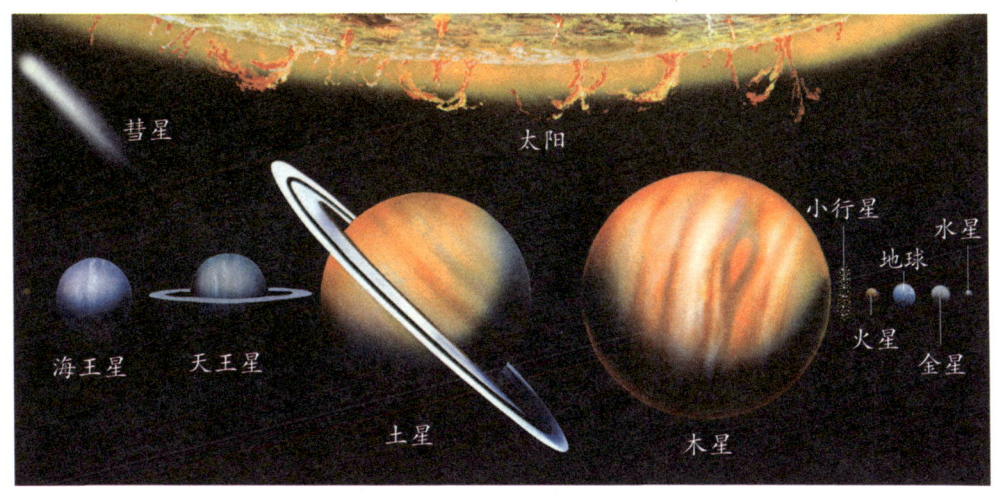

▲和睦的太阳系大家庭

为什么太阳系的成员爱运动?

tài yáng xì dà jiā tíng zhōng de měi gè chéng yuán shí kè dōu chǔ yú gāo sù de zhuàn dòng zhōng tā men gè gè dōu rè ài yùn dòng zhè shì yīn wèi tài yáng mā ma de yǐn lì tài dà le gè chéng yuán bèi zhè zhǒng yǐn lì tuán jié zài tā de zhōu wéi yǐ tā wéi zhōng xīn xiàng qián bēn pǎo jiù xiàng zài duàn liàn shēn tǐ yī yàng

太阳系大家庭中的每个成员时刻都处于高速的转动中，它们个个都热爱运动。这是因为太阳妈妈的引力太大了，各成员被这种引力“团结”在它的周围，以它为中心向前奔跑，就像在锻炼身体一样。

▼太阳系的八大行星

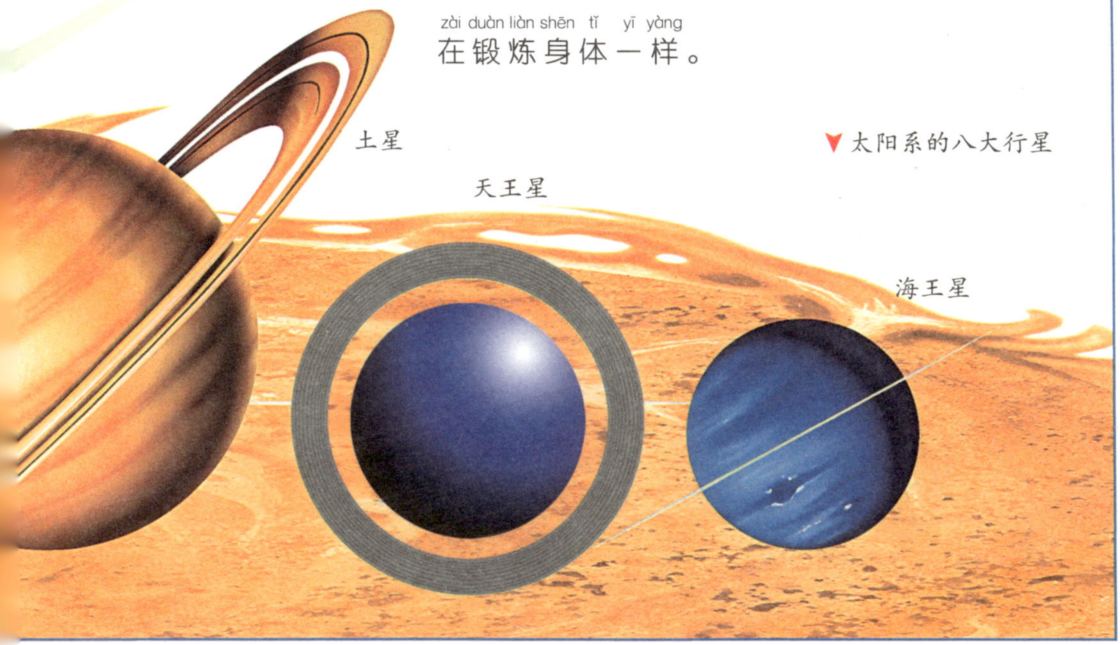

太阳系的中心天体是谁？

太阳的质量占据太阳系总质量的99%以上,太阳以强大的引力将太阳系的其他天体"控制"在自己周围,使它们井然有序地围绕自己旋转。另外,太阳系引力的作用空间是球形,太阳正好居中。从这两个方面来看,太阳系的中心天体就是太阳。

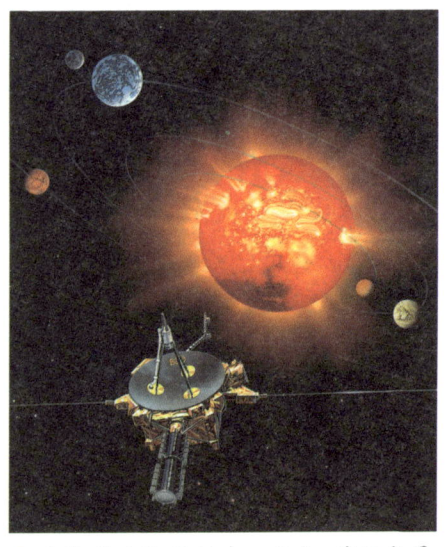

▲ 太阳是太阳系的中心天体,其他成员以它为中心活动。

为什么说太阳是普通的恒星？

▲ 太阳是离地球最近的恒星。

在众多的恒星中,太阳的亮度、大小和温度等都处于中等水平。如从大小方面来说,比太阳小得多的恒星有很多,而比它大得多的也不少。我们觉得太阳很特别只是因为它离地球最近,看上去太阳是天空中最大最亮的天体,而其他恒星离我们非常遥远,看上去只是一个个闪烁的光点。

太阳还能活多久?

太阳从"出生"到现在,已经整整度过46亿个年头了。虽然太阳的岁数是个天文数字,但是太阳还处于中年期,现在"精力"还很充沛。太阳时刻不停地向外释放着光和热,还会继续燃烧50亿年。在内部的主要燃料燃尽之后,太阳会逐渐走向灭亡。在太阳活动的最后阶段,太阳中的气体氦将转变成其他物质,它的体积也将不断膨胀,将地球吞没。

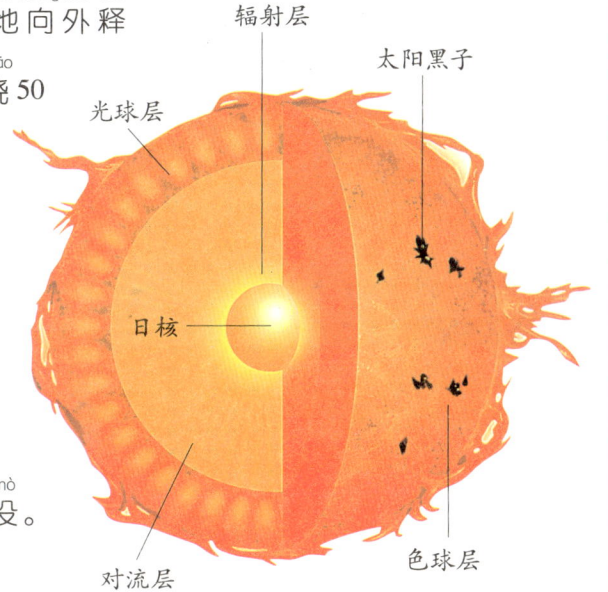

▲ 太阳结构示意图

▼ 熊熊燃烧的太阳还可以活50亿年。

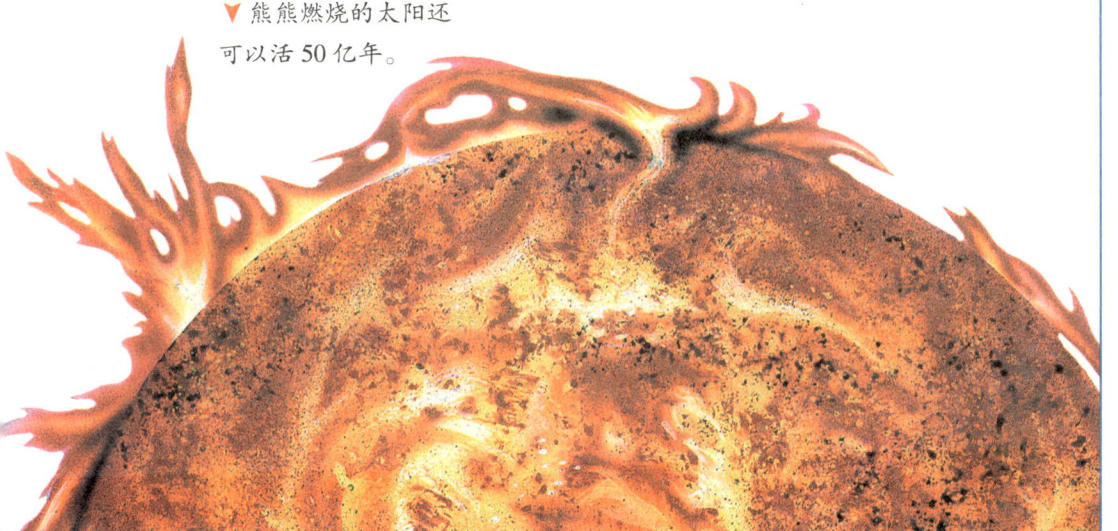

为什么太阳会"发抖"?

太阳时常会"发抖",好像被冻得打哆嗦似的,科学家们把这种现象叫做日震。难道是太阳生病了吗?其实,太阳是一个气体组成的星球,它的内部和外部温度差别非常大,会形成"对流"。如果"对流"的强度加大,就会产生日震。太阳"发抖"是很有规律的,大约每5分钟一次。

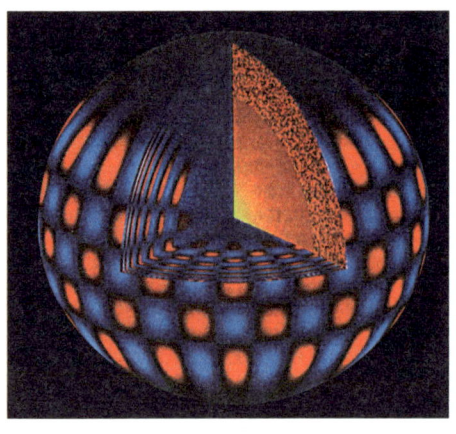

▲这是日震示意图,红色表示日面上升区域,蓝色表示下降区域。

为什么太阳有时"戴帽子"?

发生日全食的时候,太阳变得一片黑暗,但我们却可以清晰地看到一圈银白色的光,它像帽子一样扣在太阳上。这顶帽子叫做日冕,是太阳最外围的大气。由于这层大气非常稀薄,亮度只有太阳表面亮度的百万分之一,因此,在平时我们用肉眼是看不到它的,只有在发生日食时,它才会比较明显。

▲我们只有在发生日食时才能看到日冕。

为什么太阳"脸"上有斑点？

太阳"脸"上的斑点是人们常说的太阳黑子。它是太阳表面的气流旋涡，温度比其他地区低，所以显得很"黑"。太阳黑子是太阳活动的标志，它们的大小、多少、位置和形态，每天都不一样。

半影是本影外围较亮、较热的地方。

本影是太阳黑子较暗、较冷的中心。

◀ 太阳黑子的结构

▲ 太阳上的黑子可以反映出太阳自转的情况。

为什么黑子越多，太阳越亮？

在黑子大量出现时，太阳本应该比较暗，可是，黑子出现的同时，太阳上往往同时出现许多光斑。这些光斑比平常亮得多，它们的亮度足以补偿黑子减弱的光亮，并且亮度还留有富余呢。所以，就会有整个太阳的亮度在黑子增多时反而加强的奇怪现象。

▲ 太阳黑子越多，太阳反而越亮。

太阳上也会刮风吗？

在太阳大气最外层的日冕上，有一种向空间持续抛射出来的特别小的物质粒子，它们总是向宇宙空间中奔跑，试图挣脱太阳的引力，结果，众多的粒子形成了流动的"太阳风"。太阳风刮起来很猛烈，不仅会吹到地球上，而且还能刮到八大行星以外很远的地方。

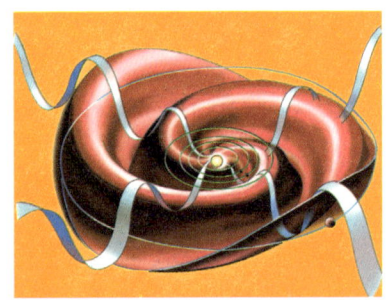

▲ 太阳风呈螺旋形，像波浪一样吹向太阳系的边缘。

为什么会发生日食？

月球是地球忠诚的卫士，它时刻都在绕地球旋转着，当它转到太阳和地球中间时，如果和太阳、地球正好排成一条线，月球就会挡住射到地球上的太阳光。这时，如果我们处于月亮的影子中，就会看到太阳被圆圆的黑影挡住。几分钟后，黑影的边缘逐渐露出阳光，太阳慢慢恢复了原来的样子。日食就这样发生了。

月球影子最黑的部分（本影）扫过地球表面时，在这个区域的人们就会看到太阳的整个圆面被遮住，也就是日全食。

▲ 日食的形成

月球影子稍黑的部分扫过地球表面时，在这个区域的人们就会看到太阳的圆面的一部分被遮住，也就是日偏食。

为什么会出现钻石环？

在日全食发生之前的瞬间，太阳被挡住的轮廓边缘会突然出现一道像钻石似的光芒，这就是钻石环。由于月球表面有许多低洼的地方，当阳光照射到月球边缘时，凹下去的地方就会透出阳光来，漂亮的钻石环就这样出现了。

▲钻石环

▲太阳系的八大行星都能反射太阳光。

行星自己会发光吗？

行星的温度远低于恒星，因此它们不会发光。我们之所以能观察到行星发亮，只是因为它们反射了来自太阳的光。太阳系的八大行星都有反射太阳光的本领，所以，我们能在夜空中看到它们的身影。有些行星反射太阳光的能力可强了，比如金星。不过，离太阳很远的行星我们用肉眼很难看到。

行星是如何围绕太阳运动的?

太阳系的八大行星都在围绕太阳转动,也就是进行公转。它们在公转的过程中,都不约而同地从西向东前进。由于行星成员的前行速度不一样,而且走的路程长短也相差很大,所以,各大行星绕太阳走完一圈所需要的时间有长有短。行星在公转的同时,自己也在转动,我们把这种转动称为自转。

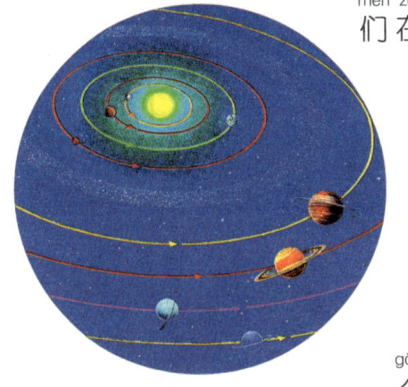

▲ 行星的运动轨道是行星围绕太阳公转的路线。

为什么水星上没有水?

水星是太阳系八大行星中最小最轻的一颗,因此,它的引力特别微弱,根本不能很牢固地吸引住水蒸气这样的气体。而且,水星在八大行星中离太阳最近,在太阳光的直射下,连金属都会融化,即使水星表面有水,也早就蒸发了。

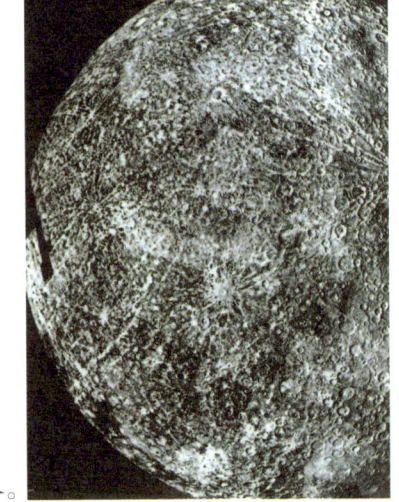

▶ 在坑坑洼洼的水星表面,根本找不到水。

为什么说水星是"飞毛腿"?

在太阳系中,水星公转的速度是最快的,所以人们常称它为"飞毛腿"。水星总是不疲倦,飞快地沿着椭圆形轨道绕太阳"飞奔",似乎在参加紧张的比赛。它跑完一圈只需要88天,也就是说,水星上的一年只有88天。我们在地球上过一次生日的时间,在水星上就可以过4次生日呢。不过,水星的自转速度却很慢,大约需要59天才转一周,这样一来,水星每公转两周就会自转3周。因此,在水星上的某些地方,会看到这样一种奇怪的现象:太阳慢慢升到空中后,突然停下来,然后倒退,再停下来,接着继续前进,直到落下。

▲水星在八大行星中"跑"得最快。

慢很薄。

核主要由金属构成,十分"沉重",使"飞毛腿"的自转速度变得很慢。

壳由岩石构成。

◀水星的构造示意图

为什么水星爱玩"捉迷藏"?

水星总爱和地球上的人们玩捉迷藏游戏,使人们很难捕捉到它的身影。这是因为水星离太阳最近,自己又不够明亮,常常被太阳耀眼的光芒遮盖住。在水星凌日(水星与地球和太阳成一条直线,位于中间的水星挡住部分太阳光)时,人们用望远镜能观测到水星。

▶ 科学家们派出了"水手"10号来探测"爱躲藏"的水星。

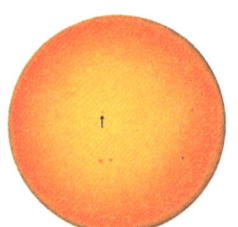

▲ 这是人类观测到的"水星凌日"现象,箭头所指的黑点就是水星。

太阳系最亮的行星是哪颗?

▲ 明亮的金星

从地球上看,太阳系中最亮的行星是金星。金星看上去晶光夺目,在星空中的亮度仅次于太阳和月亮。我国古时候把黎明前东方天空中的一颗明星叫做启明星,把黄昏时分西边天空中的一颗明星叫长庚星,其实,启明星和长庚星都是金星。

神秘的宇宙

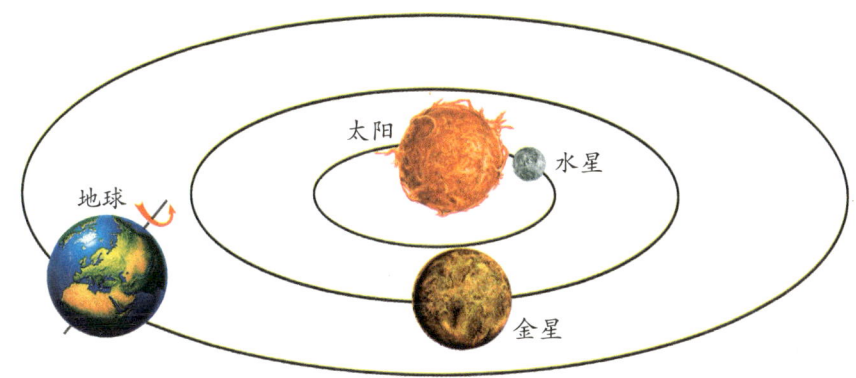

▲ 水星、金星、地球绕太阳运转的轨道

什么时候才能看到金星？

金星比地球离太阳近，所以，它在地球轨道圈里绕着太阳"妈妈"打转。要看到金星，我们就要向太阳的方向望。白天的时候，由于天空很亮，我们察觉不到金星的踪迹。到了深夜，地球转过了身子，我们所在的那个半球背对着太阳和金星，所以也看不到它。只有在早晨和傍晚天空不是很明亮的时候，我们才能看到金星。

为什么说金星上的大气能压扁人？

金星有一层厚厚的大气层，这使得金星上的大气压强特别大，它的大小约相当于地球大气压强的90倍。在这样的压强下，就算钢筋也会被压得粉碎，更何况是人呢？

▶ 金星北极的云层

39

什么是金星凌日？

金星距离太阳比地球近，所以，它在绕太阳公转的过程中，有时会位于太阳和地球之间。这时，我们从地球上可以看到太阳表面有一个小黑点在移动，这种天文现象就是金星凌日。

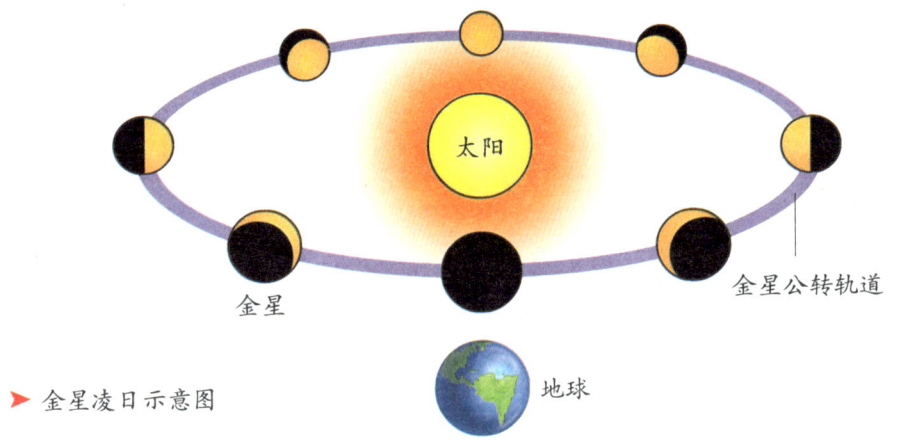

▶ 金星凌日示意图

在金星上太阳西升东落吗？

我们每天都会看到太阳东升西落，可是，在金星上，太阳却是西升东落的。在太阳系的八大行星中，金星是位很有"个性"的成员，它的自转方向与众不同，是自东向西的；而地球和其他行星都是自西向东的。所以，金星上太阳升起来和落下去的方向就正好与地球和其他行星相反。

▼ 太阳系八大行星的自转情况

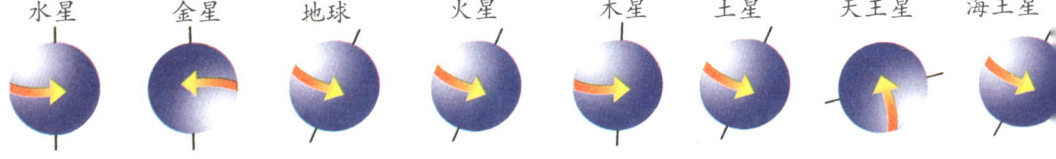

火星与地球有哪些相像的地方？

火星和地球一样，表面有起伏的地貌。火星上一个昼夜的长短几乎等于24个小时，与地球特别接近。火星和地球一样，也有四季变化。另外，火星的南极和北极也戴着白雪皑皑的冰帽子，看上去和地球像极了。由于火星比地球个头儿小，人们就把火星看做是地球的"小弟弟"。

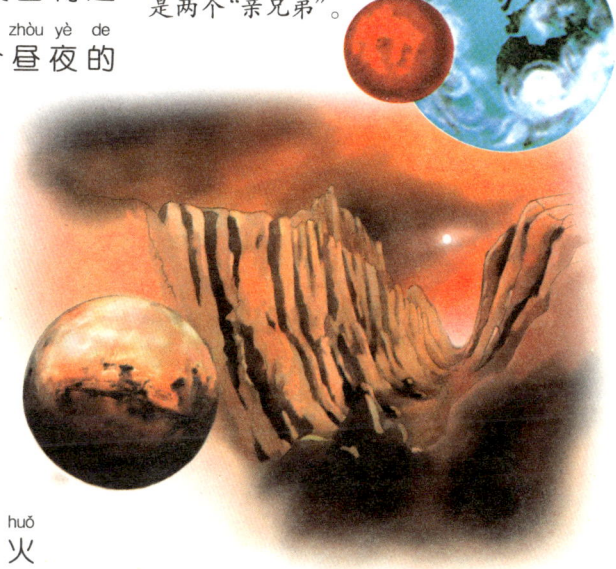

▶ 火星与地球就像是两个"亲兄弟"。

▲ 火星与地球一样，有起伏的地貌。

为什么火星"穿着红衣服"？

▲ 火星的表面看上去红红的。

火星的表面非常干燥，到处都是红色的土壤和岩石。这些土壤和岩石中含有丰富的铁。铁长期受紫外线的照射，表面慢慢地生了锈，变成了红色和黄色，就使火星看上去红红的，好像穿了红衣服一样。

神秘的宇宙

火星上有大气吗？

火星和地球一样，地表外面包围了一层大气。不过，在火星上，大气非常稀薄。火星大气的最主要成分是二氧化碳，其次还有少量氮和氩。科学家还在火星的大气里面测出了微量的水蒸气。

▲火星

为什么说火星"脾气暴躁"？

科学家通过观测发现，火星大气中有一种独特的现象，那就是大风暴。火星上几乎每年都要刮起让人难以想象的特大风暴。每当这个时候，火星都像一个孩子在任性地发脾气。火星上的大风暴有时会席卷整个星球，使火星完全笼罩在漫天飞舞的沙子当中，难怪人们说火星"脾气暴躁"呢！

▼火星上刮起大风暴的时候，可怕极了。

为什么要在火星上寻找生命？

我们已经知道，火星和地球在许多方面都非常相似。火星上的大气很适合生命存在。虽然那里的大气主要由二氧化碳组成，而且比地球上的大气稀薄，但科学家们通过实验证实，有一些低等生物是可以在这种环境下生存的。所以，人们认为，火星上很有可能存在生命，并一直在那里努力搜索生命迹象。

▲人类想象中的火星城

行星中的"小巨人"是谁？

"身穿条纹外衣"的木星"长"得比较壮实，它的"个子"是八大行星中最大的，它的体积比太阳系内其他七个行星的体积总和还要大，所以，行星中的"小巨人"指的就是木星啦。

▶木星不仅"个头儿"大，而且"穿"着一身"条纹外衣"。

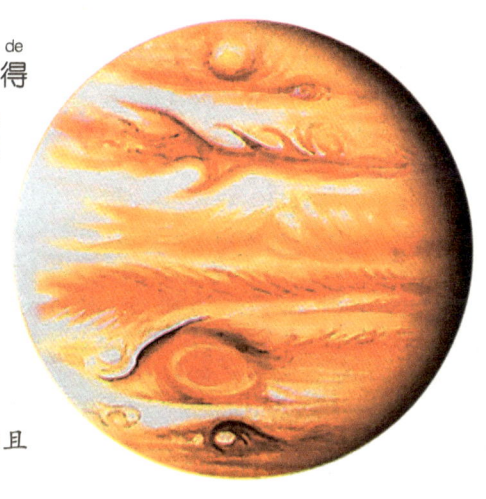

为什么木星上的一天很短?

木星的自转速度要比地球快得多,这使得木星上的一天很短暂,远远少于24小时。在太阳系的八大行星中,木星的自转速度是最快的,每9小时50分钟,木星就能旋转一周,也就是说,木星上的一天还不到10个小时。由于自转速度非常快,所以,木星的体形都长成了中间大、两头小的扁圆体了。

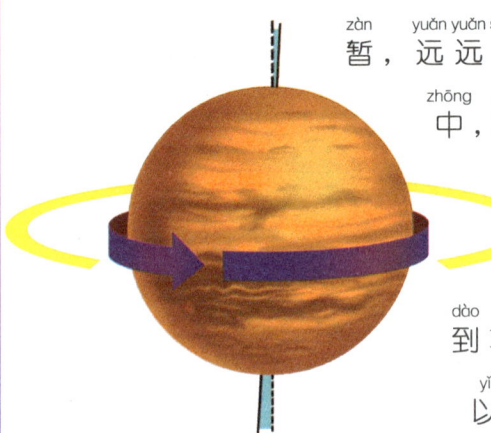
▲木星的自转速度很快,这使得木星上一天时间很短。

木星"脸"上的大红斑是什么?

我们在地球上观测木星时,会发现木星"脸"上有个椭圆形的大红斑。这个奇怪的大红斑主要由氨气和冰云构成。在大红斑的中心部分还有个小颗粒,是它的核。大红斑很"长寿",可以活几百年或更长久。这块大红斑还很"好动",一直在不停地旋转,并且会在旋转时卷起高高的云层。

▲木星上的大红斑

神秘的宇宙

木星上有磁场吗？

"小巨人"木星身强力壮，它不仅身材高大，而且拥有八大行星中范围最大、强度最高的磁场。这个磁场在太阳风的吹拂下，形状还会发生变化。另外，这个大磁场还会让木星的两极产生极光现象。

▲木星的磁场

为什么称木星为"小太阳系"？

木星在太阳系中拥有很多卫星，这些卫星围绕着木星旋转，看上去还真有点类似太阳系的情况呢。木星具有强大的引力，将许多流星和彗星吸引到它的身边。木星本身也放出热量。这些特点使得木星被称为"小太阳系"。

▼木星的卫星

木卫三

木卫四

木卫一

木卫二

为什么土星戴着"项链"?

土星有一条又宽又亮的光环,这条光环就像一条漂亮的项链,看上去美丽极了。土星为什么爱用项链来装扮自己呢?原来,土星周围有许多形状不同、大小各异的冰冻岩石在旋转。它们像镜子一样,能反射太阳光,这样,就使自身看上去光彩夺目,成了木星的"项链"。我们在地球上用望远镜可以看见土星的"项链"有三层环,它们分别是最外层的A环、中间明亮的B环和里面透明的C环。科学家通过探测发现,这些环是由更加紧密的细环组成的。太空探测器还发现,在这些主要的环两侧还有一些较黯淡的环存在。

▲ 戴"项链"的土星

◀ 土星环的倾斜程度在不停地变化。

为什么说土星是"虚胖子"?

土星虽然个头儿比较大,但是内部的物质非常稀疏,所以它的"体重"不算大。如果把土星扔进水里,它会像木头一样漂浮在水面上。土星还是太阳系中最扁的行星,它的"肚子"比木星的还大,这也使它看上去像个"虚胖子"。

▲如果把土星放到水中,它会浮在水面上。

土星上会刮风暴吗?

土星上不仅会刮风暴,而且风暴的强度还很猛烈。风暴刮起来时,风速快得惊人,最快的可以达到每个小时1600千米以上。在土星上,风暴持续的时间特别长,可以一连出现几个月或几年,甚至可以长达几个世纪呢。

▼1990年爆发的土星风暴席卷了整个土星。

太阳系中的"冷美人"是谁?

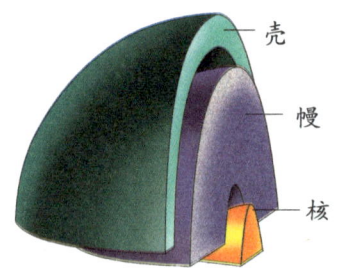

▲ 天王星的结构

天王星像一个大冰球,非常冷,中心温度远远低于其他行星。天王星距离太阳很远,接收到的太阳热量很少,所以表面温度也很低。天王星的表面还覆盖着厚厚的冰层,这也使得它只能吸收很少一部分射到表面的太阳能量,成为一颗寒冷无比的行星。所以,天王星被称为太阳系中的"冷美人"。

为什么说天王星很"懒"?

天王星是太阳系八大行星中最"懒惰"的行星,因为不管是自转还是公转,它都是"躺"着进行的。天王星就像一个耍赖的小孩躺在地上打滚似的,一边"淘气"地在轨道上翻滚,一边绕太阳公转。有人推测,天王星是在很久以前被另一个天体撞倒后才变成现在这样的。

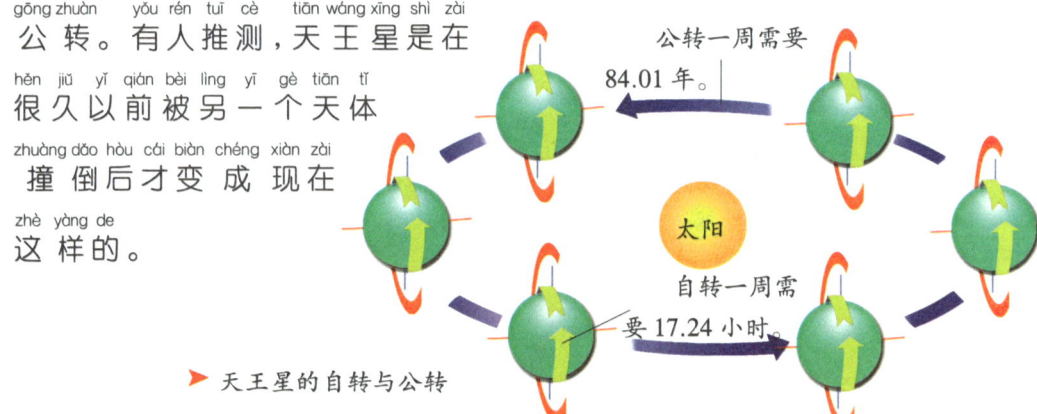

▶ 天王星的自转与公转

天王星也有美丽的光环吗?

和土星一样,天王星也戴着一条"项链",这就是它的光环。天王星的光环没有土星的亮,但比较大,看上去也很漂亮。天王星的光环大多是由岩石块和尘土组成的,不过最外面的环成分大部分是直径几米至几十米的冰块。现在,天王星已经有11层光环被人类探测到,它们都比较暗淡。

▲天王星的光环

天王星的姊妹行星是谁?

天王星的姊妹行星是海王星——太阳系中离太阳最远的行星。这是因为海王星与天王星有许多相似的地方,就像亲姐妹一样,比如:它们看起来都是蓝色的;表面都有气体包围;体积大小非常接近,海王星比天王星稍微小一些。

▶蓝色的海王星与天王星长得很像。

"笔尖下发现的行星"是哪颗？

天王星被发现后，人们发现它老是不能按计算出来的轨道正常运行。当时有两位青年——英国的亚当斯和法国的勒威耶为了找出答案，不约而同地进行了整整两年的计算工作，推算出了在天王星外有一颗行星。后来，人们用望远镜找到了这颗行星，并把它称为"笔尖下发现的行星"，这就是海王星。

▲ 遥望海王星

为什么海王星上总刮风暴？

海王星上的风力非常强劲，而且总是刮个不停。原来，海王星自转一周的时间是16.11小时，而它的云层绕海王星的赤道运行一周的时间却比海王星的自转时间长。这样，海王星星体的旋转与大气的旋转形成错位，就造成了风暴迭起的现象。

▲ 海王星上的风暴刮起来时，速度比地球上的飓风快得多。

海王星最明显的标志是什么？

海王星最明显的标志就是它的"黑眼睛"，也就是大黑斑。大黑斑是个强烈的风暴区，一直在沿逆时针方向自转，并且在不断地改变着形状。目前，海王星上的风正把它往西边吹。

▲海王星上的大黑斑看上去很显眼。

"八星连珠"会引起灾难吗？

八大行星在围绕太阳公转的过程中，有时会同时走在太阳一侧一个比较小的区域内，像珠子一样排在一条直线上，这就是"八星连珠"。由于行星们相距遥远，出现这种情况时，地球受到"兄弟姐妹"的影响总和还比不上月球对地球影响的十万分之一呢，所以，这种现象不会带来灾难。

▲八星连珠现象不会引起灾难。

小行星带是怎么回事?

小行星带位于火星和木星轨道之间,是小行星的密集区域。小行星们聚集在这条环带内,快乐地围绕太阳运行。太阳系的多数小行星都在这个地带活动,只有极少数不是这里的成员。在小行星带里,智神星、婚神星和灶神星是体积偏大的成员。

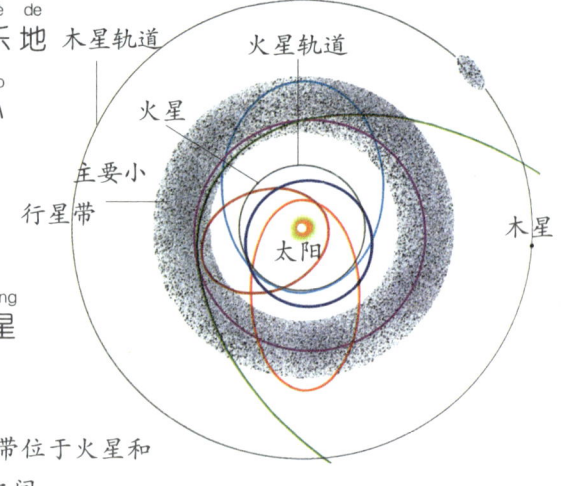

▶小行星带位于火星和木星轨道之间。

小行星的"个头儿"很小吗?

小行星带中有许多像石头一样的天体,它们就是小行星。小行星的个子大小不等,甚至相差很大,大的直径上千千米,小的只有数米。不过,即使是最大的小行星,其"个头儿"相对于行星来说,也显得微不足道。

▼几颗小行星与月球体积的大小比较

谢列斯

巴拉斯

费斯达

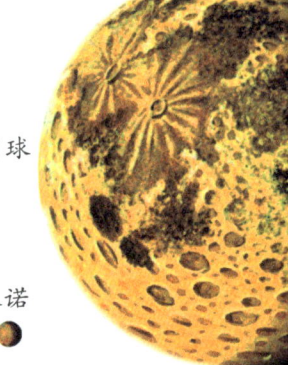
朱诺

月球

小行星的形状都是圆的吗？

小行星的形状并不都是圆形的，因为只有直径达到一定程度，小行星才能成为球形。由于小行星的大小相差很悬殊，所以，很多小行星的形状并不规则，有的像奇形怪状的鱼，有的像长相丑陋的红薯，有的像陶罐，有的像长在一起的石头……它们的样子可真是千姿百态。

▼形状各异的小行星

小行星会把行星撞伤吗？

虽然小行星的"个子"不大，但是它们的"力气"可不小。当一颗小行星撞击行星时，如果小行星的体积是行星的1/5，它就会把大行星撞出裂纹；如果小行星的体积大于行星的1/5，行星就会被撞碎。

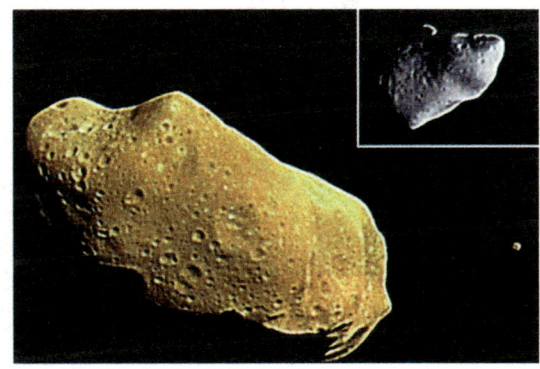

▲"个头儿"不大的小行星"力气"非常大。

谁与行星相依相伴？

在太阳系的八大行星中，多数成员都有自己的"卫士"，这就是与它们形影不离的天然卫星。天然卫星围绕行星的轨道运行，同时自己也在旋转。太阳系的八大行星中，土星和木星的"卫士"最多，而且它们的"卫士"数量仍在增加。不过，科学家们并没有发现水星和金星有卫星"陪伴"。

▲有很多卫星忠实地与土星为伴。

为什么月球与地球形影不离？

月球是地球的卫星，也是距离地球最近的天体，它的"个头儿"只是地球的1/49，质量也比地球小得多。所以，在地球引力的作用下，月球只好不停地围着地球旋转（也就是公转）。月球的公转速度可以产生一种偏离地球的力量，使它不至于被地球拉下来。这样，月球和地球就成了形影不离的"伙伴"。

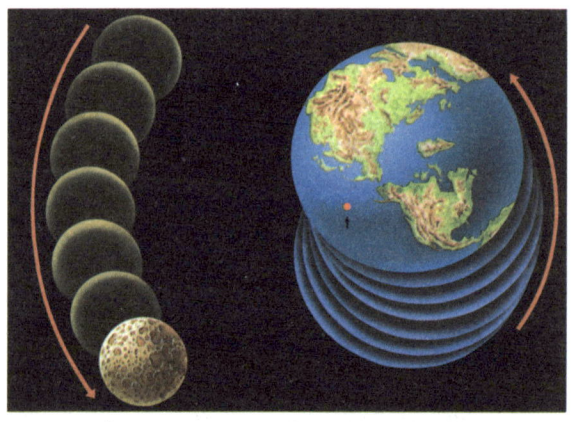
▲月球围绕地球公转，与地球一起构成了地月系。

为什么月球表面有很多"疤痕"？

月球的表面"伤痕累累"，布满了坑坑洼洼的环形山和陨石坑。这是因为月球不像地球那样有大气层的保护，来自太空的一些陨石可以不受任何阻拦，直接撞击到月球上，这样，入侵者陨石就给月球表面留下了许多"疤痕"。另外，火山爆发也可以使月球表面出现"伤痕"。

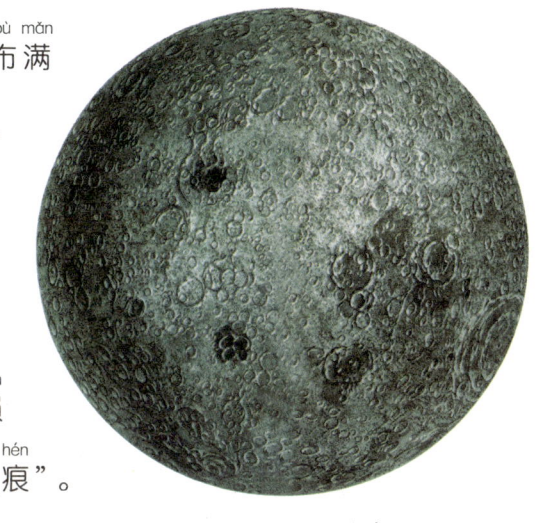

▲ 坑坑洼洼的月球表面

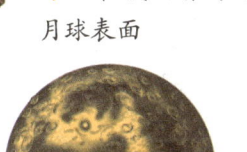

▶ 40亿年前的月球表面

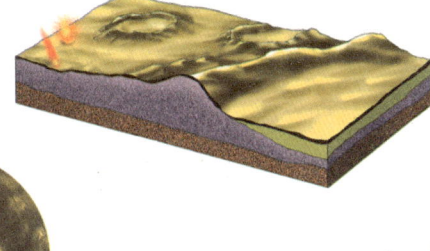

▼ 现在我们看到的月球表面

◀ 30亿年前的月球表面

月亮真的会被天狗吃掉吗？

在圆月高悬的夜晚，我们有时会看到，一个黑影遮住了月亮的表面，慢慢地，整个月亮都消失了。难道真的像人们说的那样，是天狗把月亮吃掉了吗？其实，这种现象叫月食。当地球运行到太阳和月球之间，与太阳、月球恰好形成一条直线时，地球就会挡住太阳射向月球的光，于是，月食现象产生了。

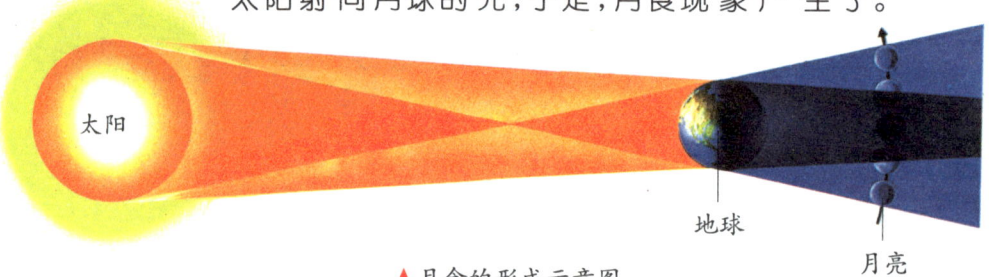

▲月食的形成示意图

什么时候能看到月食？

▲月食的连续照片

在满月出现的时候，我们才有机会看到月食。不过，也不是每逢满月都有月食，出现满月后，还有一个条件，就是地球位于月亮和太阳之间，并且它们排成一条直线。只有出现了这两种情况，我们才能看到月食。

◀月食的全过程

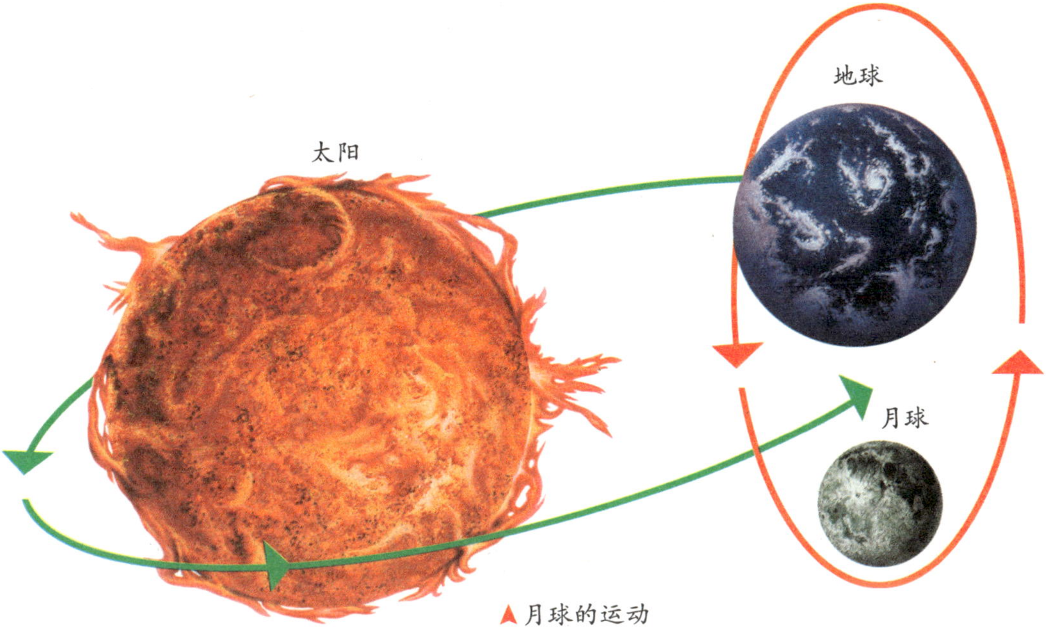

神秘的宇宙

▲ 月球的运动

为什么月亮会变形？

天空中的月亮每天都在变化形状，好像在和我们做"变脸"游戏。月亮的多变是由月球环绕地球旋转时，地球、月球、太阳之间的相对位置不断地变化引起的。因为月球只反射太阳光，它被照亮的部分就随着月球的运动一直处于不断的变化之中，从而形成了月相的变化。

▶ 月亮的圆缺变化

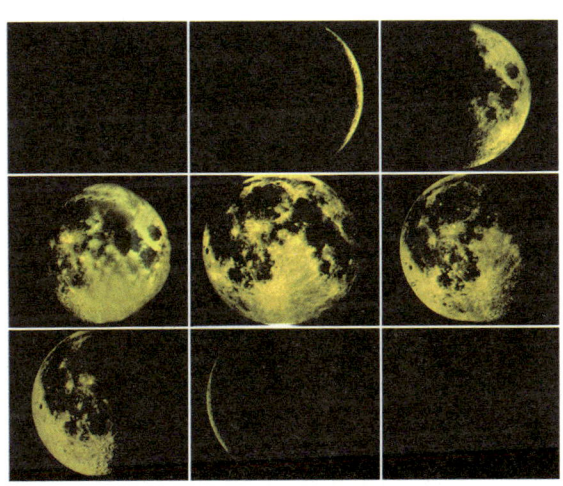

57

什么是上弦月？

每月农历初八左右，从地球上看，月亮都会移到太阳以东90°的地方。这时，我们可以看到月亮西边明亮的半面，此时的月相就是上弦月。上弦月只能在前半夜出现，半夜时分便没入西方了。

▲上弦月西沉。

为什么只能看到月亮的正面？

做一个游戏，画一个圆，你代表地球站在圆心，你的朋友代表月亮，站在你的正北，让他面朝你沿着圆挪动。当他首先挪动到你的正西方时，他的身体转了90°；当他走到你的正南方时，身体转了180°；当他再回走到原处，身体转了360°。月球自转和公转的情况与此相仿，所以我们就只能看到月球的正面。

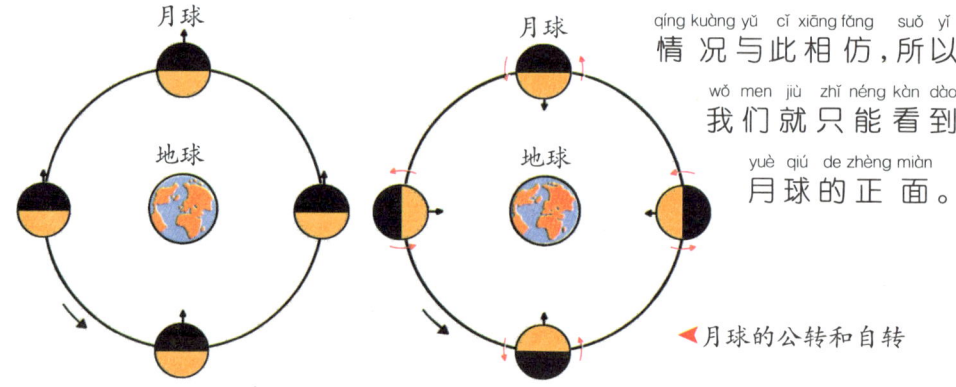

◀月球的公转和自转

为什么月亮表面明暗相间?

天空中的明月总是明暗相间,这是由月球表面的地形高低不平造成的。月亮上的阴暗部分实际上是月面上的月海。月海的地势较低,反射太阳光的本领比较弱,因而看起来较黑。月面上高出月海的地区称为月陆,反射太阳光的本领比较强,因而看来比较明亮。

▲ 明暗相间的月球

我们可以到月球上居住吗?

月球上的环境很恶劣,既没有空气也没有水,而且白天和夜间的温度差异很大。白天时,人在那里会被烤成肉干;到了夜晚,人又会被冻成冰柱。除非人类在月球上建立特殊的基地,否则,人类无法在那里居住。

▼ 月球上的自然环境不适宜人类生存。

人类的脚印仍留在月球上吗？

月球上没有风，也没有雨、雪、雹、霜、露等天气现象。所以，人类的脚印自从1969年被留在月球上以后，几乎没有受到破坏。月球上对这个脚印有一点点影响的是太阳风和宇宙粒子流，但是它们的磨损速度相当慢。如果没有可能性极小的陨石撞击事件发生，那么这个脚印还可以在那里保存几百万年。

▲人类留在月球上的脚印完好无损。

在月球上，人会跳得很高吗？

▲航天员到了月球上，就会成为跳高健将。

月球上的重力比地球上小得多，只相当于地球的1/6。假如一个体重60千克的人来到月球上，他的体重就变成10千克了。这时，如果他还用在地球上跳高时那样的力量起跳，大约会跳到15米的高度。

月球上有哪些资源可以利用？

月球蕴藏着丰富的资源。月球上有地球拥有的所有化学元素和60多种矿物，其中有6种矿物是地球上没有的。另外，月球上的土壤所含有的各种元素，可以用来生成很多供人类利用的能源。

◀月球上的岩石

月球上的土壤可以做水泥吗？

科学家经过实验发现，月球上的土壤可以制造水泥，而且，用这种土壤做出来的水泥的硬度比地球上的水泥要高。这是因为，月球的土壤含有大量的铝和钙，而铝和钙可以起到提高水泥硬度的作用。因此，用月球土壤制成的太空建筑会非常结实！也许有一天，我们会安全地住在这种房子里呢！

▼月球上的土壤是做水泥的好原料。

为什么彗星拖着长"尾巴"?

▲ 长尾巴彗星

彗星"身体"里有许多冰和尘埃。当彗星离太阳较近时,彗星里的冰由于接受到来自太阳越来越多的热量,开始变成蒸汽。而来自太阳的太阳风对彗星有一种作用力,这种力超过了彗星对蒸汽的引力,使蒸汽被太阳风吹出来,向背离太阳的方向伸展。这样,彗星就"长"了一条"尾巴"。

彗星的"尾巴"会变化吗?

彗星的"尾巴"并不是固定不变的。当彗星远离太阳时,由于接受到的太阳热量比较少,彗尾就变得比较短;当它靠近太阳时,随着接收的太阳热量越来越多,彗尾就越来越长。

▲ 不断变化的彗尾

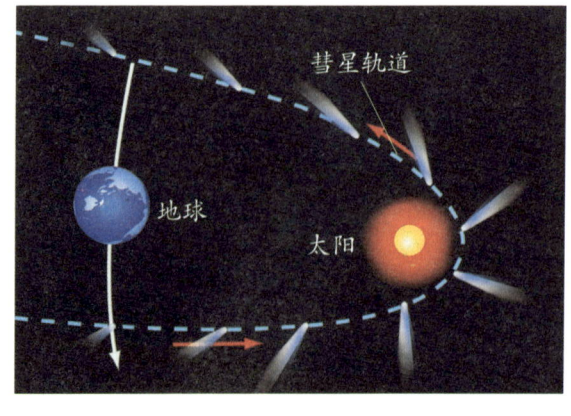

▶ 彗尾的长度和彗星与太阳的距离有很大关系。

彗星都只有一条"尾巴"吗？

彗星通常只有一条彗尾，但有些却有多条彗尾。1744年出现的歇索彗星就多达6条尾巴，看上去像一只开了屏的孔雀。科学家们还观测到带着双尾的彗星。另外，有的彗星由于气体已散失得不多了，看不到彗尾了。

▶ 双尾彗星

彗星都定期回归吗？

彗星并不是都定期回归的。有的彗星的轨道为椭圆形，能定期回到太阳身边，我们称它们为周期彗星。周期彗星会定期与太阳"约会"，每隔一定时间就会回来"看望"太阳。有的彗星的轨道为抛物线或双曲线，只能接近太阳一次，然后就一去不复返，它们叫做非周期彗星。

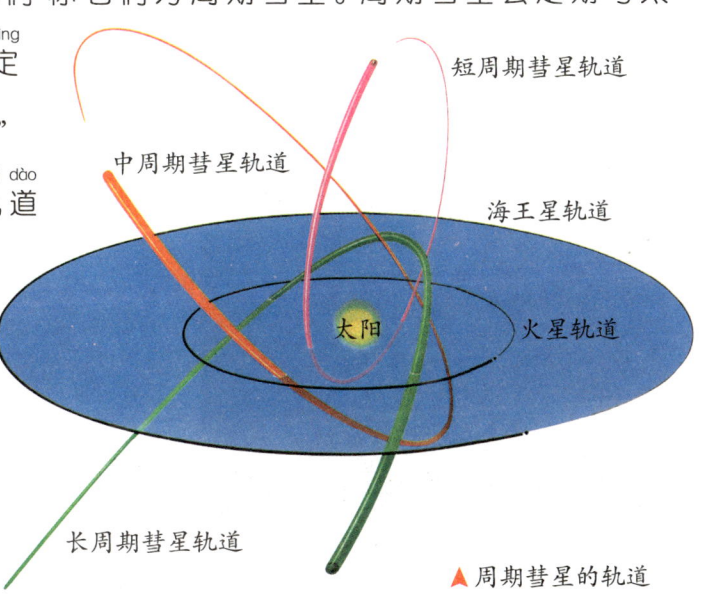

▲ 周期彗星的轨道

为什么会出现流星?

太阳系有很多尘埃和细小的固体物质,这就是流星体。虽然流星体的体积比较小,但是也会围绕太阳公转。如果它们闯进地球的大气层,就会与大气发生剧烈的碰撞和摩擦,以至于燃烧起来,并发出耀眼的光芒。这些流星体在高空中一边飞行一边燃烧,就成了我们所看到的流星啦。

▶ 流星落到地面上的过程

图注:流星体燃烧。 流星轨道 流星体有时会在燃烧过程中碎裂。 如果流星体没烧完,就会落到地球上

流星发出的光是什么颜色的?

▲ 流星发出来的光与自身的成分有关。

流星没有固定的颜色,它们的颜色主要是由流星体的化学成分决定的。例如,如果流星体的主要成分是钠,流星就发出橘黄色的光;如果流星体的主要成分是铁,就会发出黄色的光。

流星会"唱歌"吗?

虽然多数流星出现的时候悄无声息,但是它们当中的许多成员都是"歌星"。比如火流星的"嗓门"很大,它出现的时候,我们在地球上甚至可以听到它洪亮的"歌声"呢。

▲ 许多流星都会发出声音。

火流星是怎么回事?

火流星的亮度非常高,看上去像条火龙,有时火流星甚至可以在白天被看到。大个儿的流星体进入地球大气后,在高空中没燃烧完,闯入稠密的低层大气,它和地球大气剧烈摩擦,就会产生出耀眼的光亮,形成火流星。火流星消失后,在它穿过的路径上,会留下云雾状的长带。

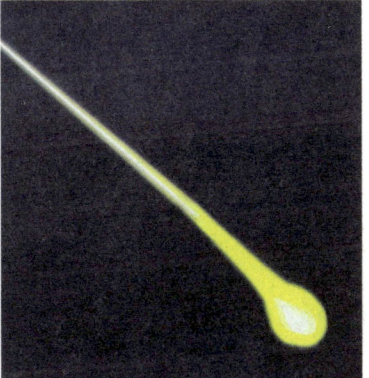
▲ 美丽的火流星

为什么后半夜看到的流星多?

这主要是地球公转现象在"捣鬼"。如果你在雨中向前奔跑,那么,身体前面淋到的雨比背后淋到的要多。同样道理,从半夜到早晨到中午,你所在的半球面向地球公转的方向,遇到的流星比较多;从中午到半夜,你所在的半球背向地球公转的方向,遇到的流星就比较少。

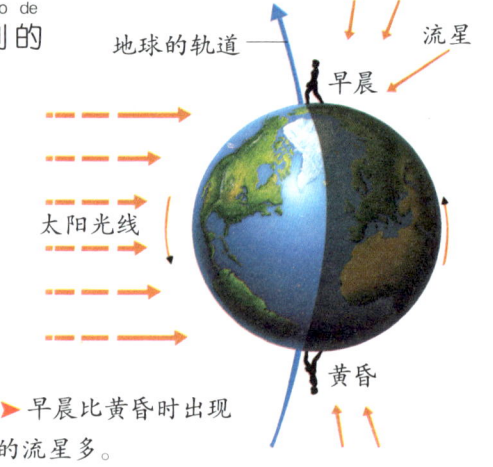

▶ 早晨比黄昏时出现的流星多。

为什么说流星雨是"太空烟花"?

流星雨出现的时候,成千上万颗流星划过天际,那种情景就像天空中放烟花一样,所以,人们常把流星雨比作"太空烟花"。流星雨的规模有大有小,都很引人注目。

▲ 狮子座流星雨

▲ 这些流星体一同进入大气层后,就会出现壮观的流星雨。

每年出现的流星雨都一样多吗？

每年出现的流星雨并不是一样多的。许多流星雨的活动很有规律，每年才出现一次。例如，著名的狮子座流星雨的周期为33年，在1833、1866年和1966年都有类似放礼花的壮观场面，而在其他年份时，能出现10颗流星就不错了。人们把流星雨经常出现的年份称为流星雨的大年；而流星雨出现较少的年份称为流星雨的小年。

◀ 流星雨在各个年份出现的多少并不相同。

为什么说陨石是"太空化石"？

陨石来自于遥远的太空，包含着大量有关太阳系天体形成和演化的信息。科学家通过研究陨石，可以揭开宇宙的成长过程和许多其他的宇宙奥秘。所以，陨石是不折不扣的"太空化石"。

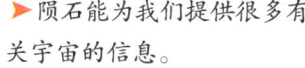

▶ 陨石能为我们提供很多有关宇宙的信息。

▲ 从天而降的陨石

什么是陨石雨?

陨石雨是一种非常有趣的陨石坠落现象。较大的陨石在陨落飞行的过程中,由于受到高温、高压的气流冲击,会在半空发生爆裂。如果陨石足够大,爆裂开的碎块就会像雨点一样散落到地面上,这种现象就被称为"陨石雨"。1976年3月8日,在我国的吉林就出现过一次陨石雨,著名的"吉林一号"大陨石就是在这次陨石雨中降落到地面上的。

▲"吉林一号"大陨石是世界上最大的石质陨石。

为什么南极的陨石多?

在地球各处,陨石出现的可能性大致相等,只不过降落在南极的陨石比较容易保存下来,所以有很多陨石是在南极找到的。这与南极的自然条件有很密切的关系:南极大陆覆盖着不化的冰雪,陨石一落地就被盖上厚厚的"被子",不会受到污染和风化。当强烈的极地风吹去地表的冰雪以后,陨石就露出来了。

◀从南极发现的陨石

为什么陨石坑有大有小？

我们做个实验：在盆子里装一些面粉，把面粉抹平，拿一块石头，从不同距离以不同的角度向盆里扔。你会发现，距离越远、速度越快的石头冲向盆里的力气越大，砸出来的洞就越大越深。同样，当陨石以不同的速度落到地球上，在地球表面砸出的坑也就有大有小。

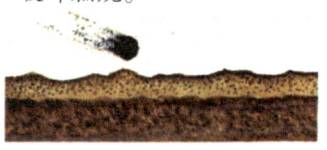

陨石与大气摩擦时会破碎燃烧。

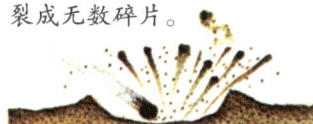

陨石在撞击地面时分裂成无数碎片。

高热的陨石作用在地面上，炸出陨石坑。

▲陨石落到地面的过程

▼美国的巴林杰陨石坑

众多的星星会"撞架"吗？

天上的星星虽然看起来十分稠密，但实际上，它们之间的距离非常遥远，而且每颗星星的运行是有规律的，谁也不会在太空中"横冲直撞"。星星们是不会轻易发生"撞架"事故的。

▲这两颗星星看起来就要相撞。

为什么白天看不到星星？

天上的星星大多数是恒星，它们和太阳一样，时刻都在发光发热。白天，太阳光的亮度比星星强得多，把天空照得格外明亮，我们就无法看到星星了。如果你有天文望远镜，就可以通过它在白天看到星星，因为天文望远镜的筒壁把大部分阳光挡住，为你制造了一个"小黑夜"。

▲我们通常在白天看不到这些闪烁的星星。

我能数清天上的星星吗？

天上的星星密密麻麻，我们很难数清它们的数目。由于我们看到的只是整个天穹的一半，即使数清肉眼所见的星星，也数不到另一半天穹中的星星。如果我们用望远镜观察，原来看不见的星星会在望远镜里出现，望远镜越好，我们看到的星星越多，那时，天空中的星星就更难以计数了。

▲天上的星星数也数不清。

怎样辨别星星的身份？

夜晚的天空中，星星们的"长相"相差无几，数目多得数不过来，想要区分他们的"身份"还真是件十分困难的事情。后来，人们通过观察发现，虽然天上的星星每天都在运动，但是星星之间的相对位置是不变的，四季星空的变化也是有规律的。于是，人们给星星起了名字，并把每一群星星连接起来，组成了星座。这样，认识星空和辨别星星就变得容易多了。

▶ 狮子座出现在春天的夜空中。

▼ 天空中的部分星座

▲ 如果晚上星星比较少，第二天可能是阴天。

星星可以预报天气情况吗？

夜晚的星星就像尽职尽责的天气预报员，可以通过它们的情况告诉我们第二天的天气情况。如果星星很少眨眼，第二天就是晴天；如果星星频繁地眨眼，第二天就可能是阴天，甚至会下雨。

原来，当冷热空气剧烈交锋时，空气中充满了水汽，气流杂乱的运动就会使星光闪烁不定，并引起阴雨天气。又如，星星很多的晚上，天空都比较晴朗，这说明天上的云很少，空气中没有水汽，空气比较干燥稳定，次日往往是晴天。

◀ 我们可以根据星星的情况来判断天气情况。

任何地方看到的星座都一样吗？

世界上不同地方的人看到的星座是不一样的。我们能看到什么样的星座取决于我们所处的位置。有一些星座只有住在北半球的人才能看到，而另外一些星座只有住在南半球的人才能看到。住在地球赤道上的人很幸运，能看到所有的星座，不过这要花费一年的时间。

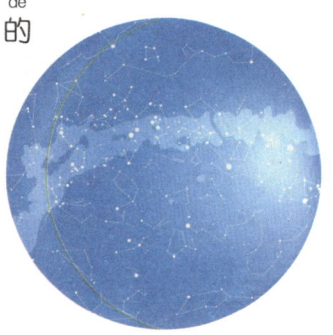 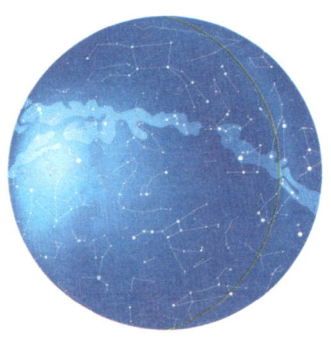

▲南半球能看到的星座　　▲北半球能看到的星座

为什么月亮旁常有一颗亮星？

由于月亮在绕地球公转，所以我们可以看到月亮在星座之间每天改变自己的位置。有些星座有比较明亮的恒星，当月亮运行到这些星座中时，就有机会靠近这些亮星。另外，行星通常比恒星亮得多，当月亮靠近一颗行星时，身旁也会出现亮星。

◀一颗亮星正与月亮为伴。

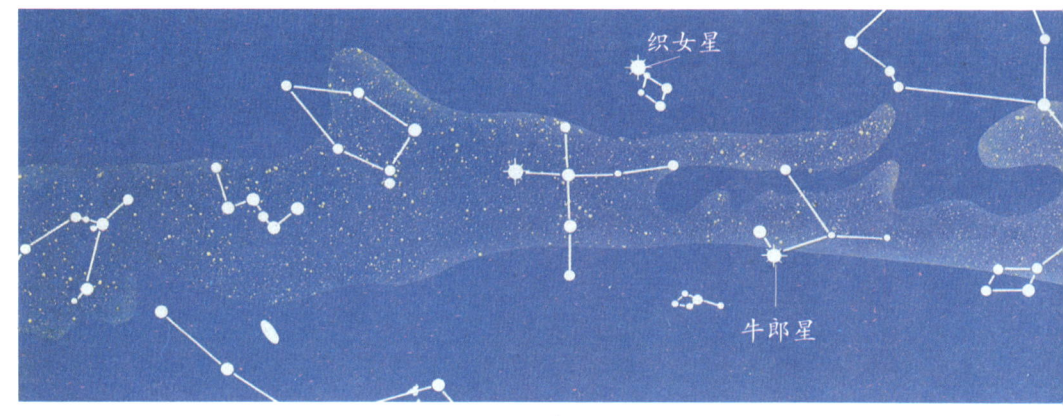

星座在天空中会变位置吗？

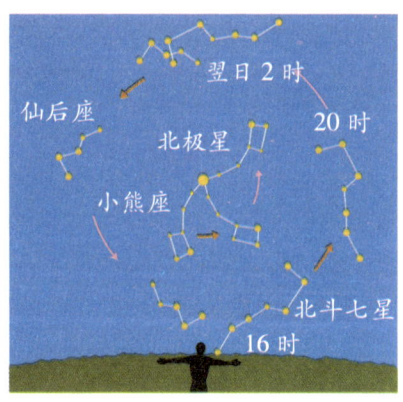

▲ 星座日周运动图

由于地球自转，从地球上看，星座每天由东向西转一圈（日周运动）。由于地球绕日公转，星座在日周运动时，每天向西移动约1°。所以，星星从地平线上升起的时间每天都比前一天早，星座的位置也就跟着发生变化。

不同季节看到的星座相同吗？

▲ 在夏季的夜空，我们可以看天鹰星座。

由于星座每天在天空中的位置都会发生变化，所以，时间一长，某些星座就会暂时从夜空消失，另外一些星座又会出现在我们眼前。因而，在不同的季节里，夜空中的星座是不一样的。

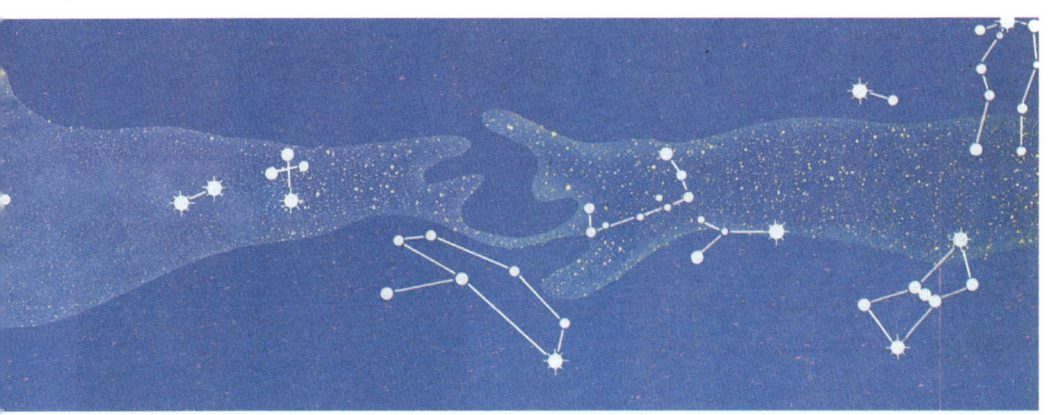

▲ 牛郎星和织女星隔着银河遥遥相望。

牛郎星和织女星能"见面"吗？

在夏秋季节，我们可以看到天空中的天琴座和天鹰座。天琴座中的亮星织女星同东南方向的天鹰座中的亮星牛郎星之间有银河相隔，看上去好像它们离得很近。事实上，牛郎星和织女星之间的距离非常非常遥远，它们根本不可能像传说中所讲的那样，在鹊桥上"见面约会"。

为什么通过北斗星确定季节？

北斗星是星空中最容易见到的星座，它由7颗星组成一个斗状。由于北斗星斗柄在各个季节的指向不同：春天指向东，夏天指向北，秋天指向西，冬天指向南，所以，人们可以通过北斗星确定季节。

▲ 北斗七星构成了大熊星座的背部和尾巴。

怎样在天空中找到北极星？

在北半球的星空中，北极星是很容易被找到的。我们可以先在天空中找到北斗七星，再通过北斗七星来找北极星。我们可以把北斗七星勺口最外边的两颗星（指极星）连成一线，这条线朝向勺口方向的延长线5倍远的地方有一颗亮星，它就是北极星。

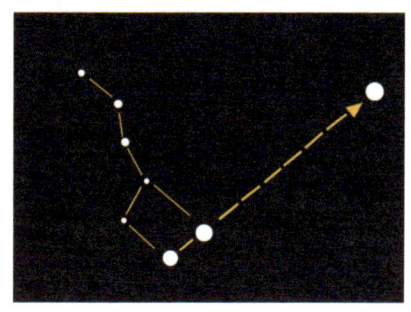

▲北极星在北斗星勺口的延长线上。

为什么用北极星来辨别方向？

北极星位于北极的正上方。由于地球是以通过南、北极点的直线为轴自转的，这个自转轴恰好指向北极星附近，所以北极星看起来几乎是不动的，我们就可以用北极星的这个特点，来辨认方向。当人们在野外迷路的时候，只要找到北极星，就可以辨明方向了。

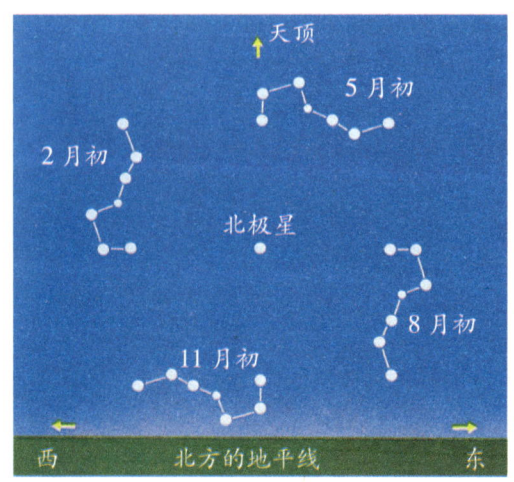

◀北斗星的位置变化很明显，而北极星看上去几乎不动。

北极星永远不动吗？

我们在观察天上的星星时,会发现所有的星星好像都环绕着北方天空中的一点在转圈儿,这一点就是北天极。北极星就在离北天极不到1°的地方,它也在沿着一个很小的圆圈绕北天极旋转。由于北天极和地球的自转轴所指的方向是一致的,我们很难感觉到北极星在运动。

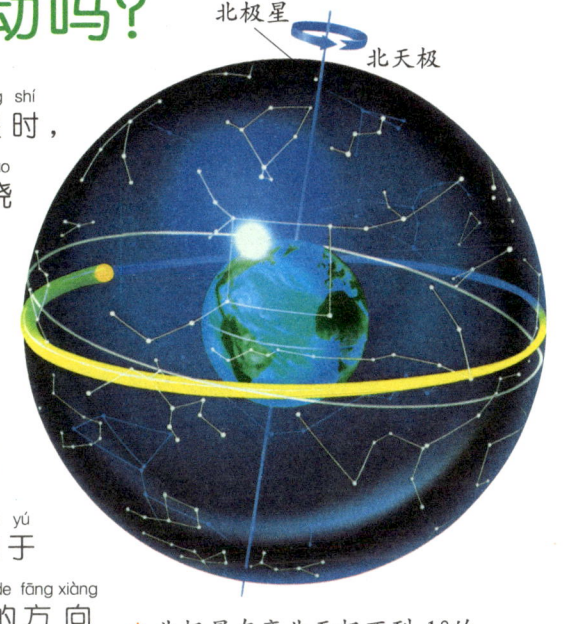

▲北极星在离北天极不到1°的地方运动。

为什么没有"南极星"？

其实,南天极那里有一个南极星座,只是南极星座里的星星都很暗,都不太易于观察,担当不起"南极星"的重任。不过,科学家们发现,亮度较高的老人星正在逐渐靠近南天极,也许,将来它会成为"南极星"。

▲南极星座中的星星亮度都不够,所以不能充当"南极星"。

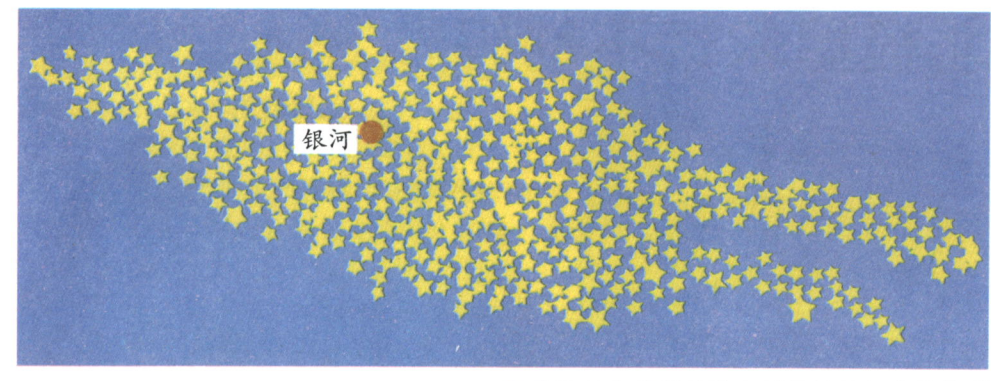

▲ 英国天文学家赫歇尔描绘的银河系结构图

为什么夏天看到的星星多？

银河系中的众多星星大致分布在一个"圆饼"里，"圆饼"中央的星星比周围的多，而太阳系则处于"饼"的边缘。夏天，地球正好转到银河系中心与太阳之间，夜空面向银河系的中心，银河系最宽阔、最明亮的部分正好出现在天空中，所以我们看到的星星比较多。

冬春季节最亮的星星是哪颗？

▲ 天狼星

如果在冬春季节的前半夜仰望星空，你就会在偏南方向的天空中找到这两个季节全天最明亮的星星，这就是天狼星。天狼星是除太阳以外，天空中最明亮的恒星。

为什么月亮总跟着我们走？

月亮离我们很远，而越远的事物在人类所能看到的范围里移动变化越慢，消失的速度也就越慢。因此，我们前进时，总是觉得身边的事物很快从视线里消失了，而月亮却一直在跟着我们走。

▲ 由于月亮离我们很远，所以不论走到哪里，它都会出现在我们的视线中。

太阳和月亮能同时出现吗？

太阳和月亮能同时出现在天空，这种现象就是"日月同辉"。在月亮与太阳离得不太远也不太近的时候，即农历初七、初八或农历二十二、二十三前后的日子里，月亮就会在大白天与太阳同时出现在天空中，我们把这种现象称为"日月同辉"。上弦月前后，月亮出现在太阳的东面；而下弦月前后，月亮出现在太阳的西面。

▶ "日月同辉"现象

ZUIXIN SHIWAN GE WEISHENME
最新十万个为什么 Why 100,000

第二章

meili de diqiu

美丽的地球

地球是太阳系中最美丽、最充满生机的星球：它拥有山河湖海、花草树木、禽鸟野兽，还有着许多其他神奇而瑰丽的自然奇观……虽然我们每时每刻都与地球亲密接触，但同样对它充满了疑问：地球究竟有多大？为什么说地球的外形像大鸭梨？地球里面有什么？平原、高山、盆地这些不同的地形是怎么出现的？……人类一直在不断地探索中寻找着这些问题的答案，并努力把我们的地球家园建设得更美好。

地球是如何产生的？

宇宙爆炸后，太阳星云中的固体尘粒相互结合，形成越来越大的颗粒，开始吸附周围较小的尘粒，体积日益增大，逐渐形成了地球星胚。地球星胚诞生后，一直不停地运动着，并且不断壮大自己。于是，原始地球形成了。原始地球经过不断的运动与壮大，在经历了漫长的时间后，才形成了今天的模样。

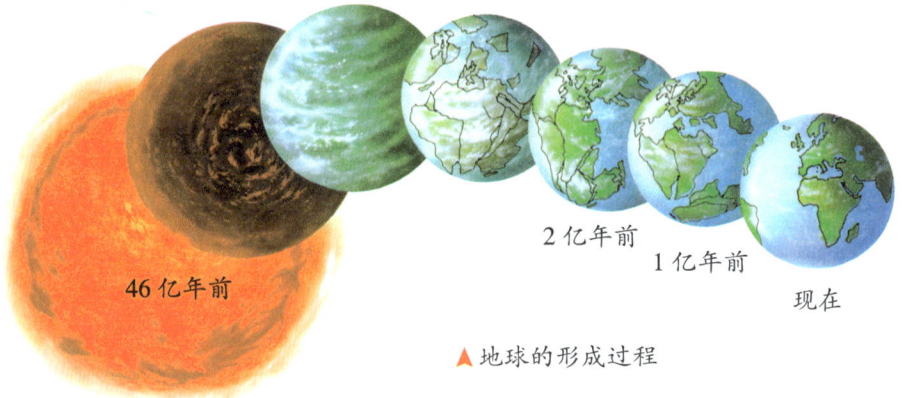

46亿年前　　2亿年前　1亿年前　现在

▲地球的形成过程

地球是不是宇宙的中心？

日月星辰每天都东升西落，好像它们都在以地球为中心转动。事实上，这种现象是由地球自转引起的，而地球在围绕太阳运转，太阳又在围绕银河系的中心转动。看来，地球在宇宙中只是一颗普通的行星，根本说不上是宇宙的中心。

◀宇宙中的地球

为什么说地球的外形像大鸭梨？

这是由于地球在自转时,会产生一种叫做离心力的力量。这种力在地球的"腹部"最大,而两极部分最小,这就使得地球在长期的运动中从两极向中心逐渐膨胀,从而使地球看起来像鸭梨一样。

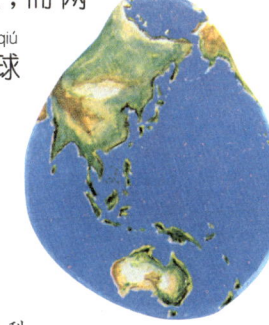

▶ 地球就像一个巨大的鸭梨。

地球究竟有多大？

地球在太阳系的行星中,体积居于中等,"个头儿"排名第五。它的表面积约 5.096×10^5 平方千米,"体重"约 6×10^{21} 吨。假设一个人每天走50千米,那么他绕地球一圈要走801天还多呢。

▼ 地球的大小

极半径约 6357 千米。

通过南北极的周长约 40009 千米。

赤道半径

赤道圆周长约 40076 千米。

为什么说地球像块大磁铁?

由于地球旋转,地核会产生很强的电流,因为电可以产生磁,所以地球就有了磁场,并且具有南极和北极。这就使得地球像一块超级大磁铁。指南针就是受到了地球磁场的吸引才会一直指向南方的。地球的磁场遍布于地球内部、大气层以及地球周围的广大空间中。

▲ 地球的磁场(北极、南极、磁力线)

地球里面有什么?

地球就像一块夹心糖,里面包含着许多圈层。这些圈层可以大致分为地壳、地幔和地核三个部分。最外面的"糖衣"是地壳,里面包着"糖果"地幔,而地幔里面还包着"糖心",那就是地核。

地幔位于地壳和地核的中间层。

地核是地球的核心部分。

地壳是地球的最外层。

▲ 地球的构造示意图

从太空看,地球是什么样子?

从太空看,地球是一个蔚蓝色的球体,就像一颗蓝宝石。这是因为地球表面的71%被水覆盖着。这是因为地球表面的温度介于0℃～100℃之间,水分子能够以液体状态存在于地表,使地球"穿"上美丽的蓝衣服。

▲从太空看到的地球是一颗漂亮的蓝色星球。

经线和纬线是怎么划分的?

经线和纬线是人们为了确定方位而假想出来的。在地球仪上,顺着东西方向,环绕地球仪一周的圆圈就是纬线。纬线圈的大小是不一样的,从赤道向两极,纬线组成的圈一个比一个小,到南、北两极缩小为点。经线连接南北两极,并同纬线垂直相交,每条经线的长度都相同。

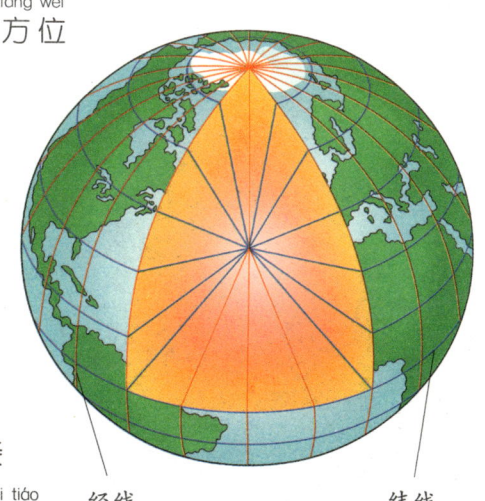

经线　　　纬线

▲地球仪上的经线和纬线

什么是赤道？

转动地球仪时，你会发现，最长的那条纬线就像是地球的腰带，位于地球鼓鼓的"腹部"，这条线就是赤道。赤道把地球分为南北两半球，赤道的北边是北半球，南边是南半球。赤道是划分纬度的基线，赤道的纬度为0°，从赤道向北的纬线称为北纬，向南的纬线则称为南纬。

▲赤道把地球分为南北两部分。

南、北回归线指的是什么？

南回归线是指南纬23°26′的纬线，与此相对应，北回归线是指北纬23°26′的纬线。

南、北回归线是太阳光的直射点能移动到南半球或北半球的最远界限，也是温带与热带的分界线。

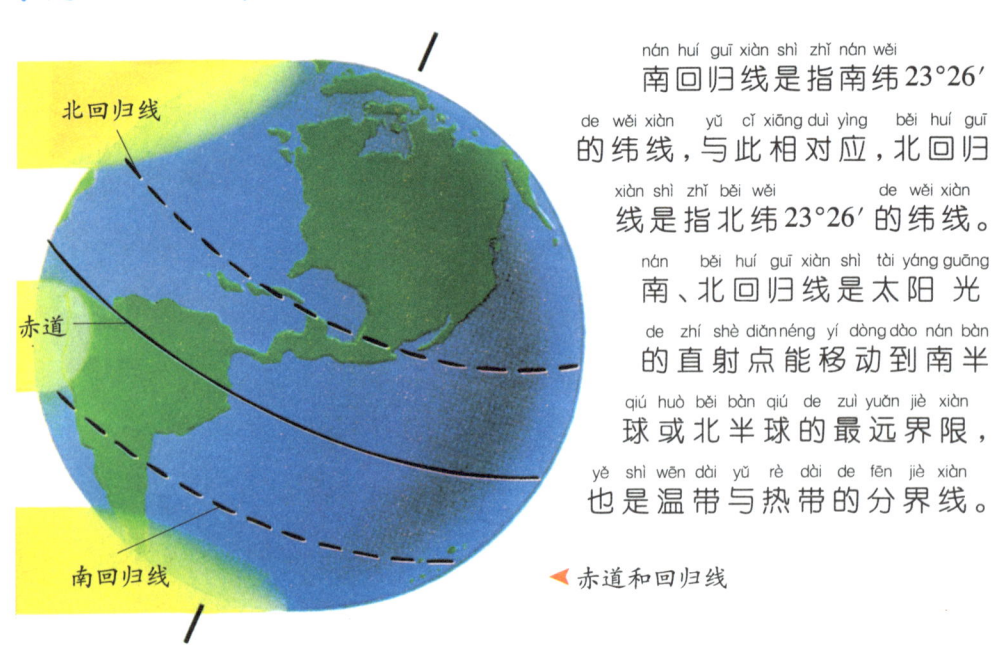

◀赤道和回归线

为什么地球上会有四季？

地球是侧着身子绕着太阳旋转的，所以，同一地区在不同时间接受的太阳热量多少不同，这使得地球上的多数地方有了四季。每年冬至那天，太阳的直射点在南回归线，此时北半球接受的太阳辐射最少，得到的热量最少，处于寒冷的冬季。此后，太阳直射点开始逐渐北移，并在夏至到达北回归线，这时，北半球得到的热量最多，就进入炎热的盛夏。由于地球永不停歇地侧着身子围绕太阳这个"大火炉"运转，这种冷暖便在同一个地区不停地交替着，从而形成了寒来暑往的四季更替现象。

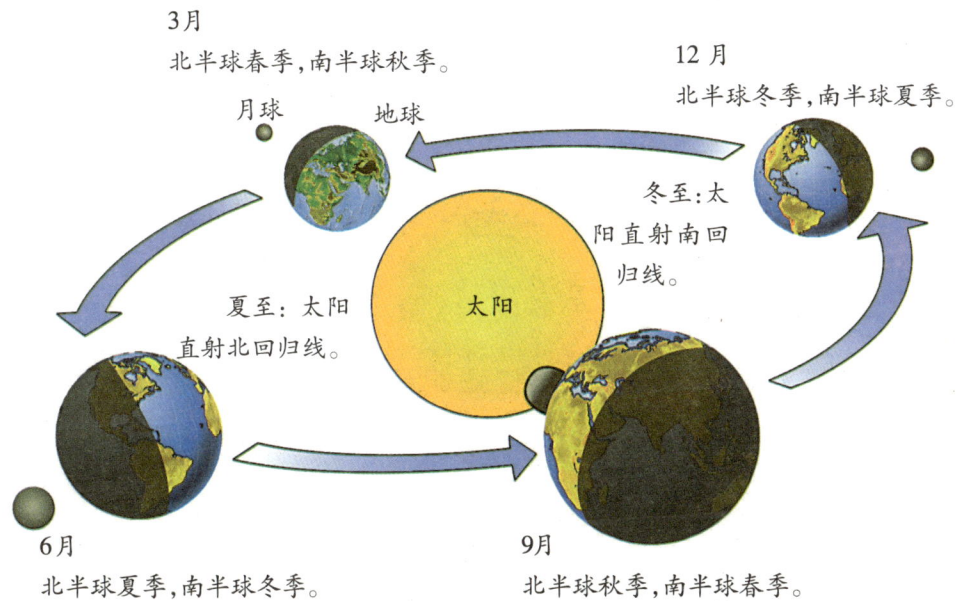

▲ 全球季节变化示意图

▲ 北方的春天虽然美丽，但很短暂。

为什么我国北方的春天很短？

我国北方在1月后，太阳辐射逐渐加强，同时，能使温度下降并带来雨雪的冷空气势力在不断削弱，这使得北方的温度会逐步上升。3月份以后，太阳辐射进一步加强，冷空气进一步减弱，结果空气变得干燥，气温迅速上升，所以，人们感觉北方的春天特别短，很快就进入夏季了。

夏天热是因为地球离太阳近吗？

地球公转的轨道是一个椭圆形。每年1月初，地球离太阳最近，这个位置叫近日点；7月初，地球距离太阳最远，这个位置叫远日点。北半球夏天时，地球离太阳较远，但因为此时太阳直射北半球，天气较热。由此可见，夏天热不是因为地球与太阳的距离近。

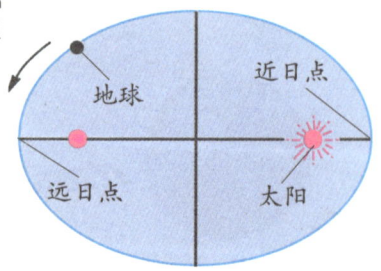

▲ 地球公转轨道平面

美丽的地球

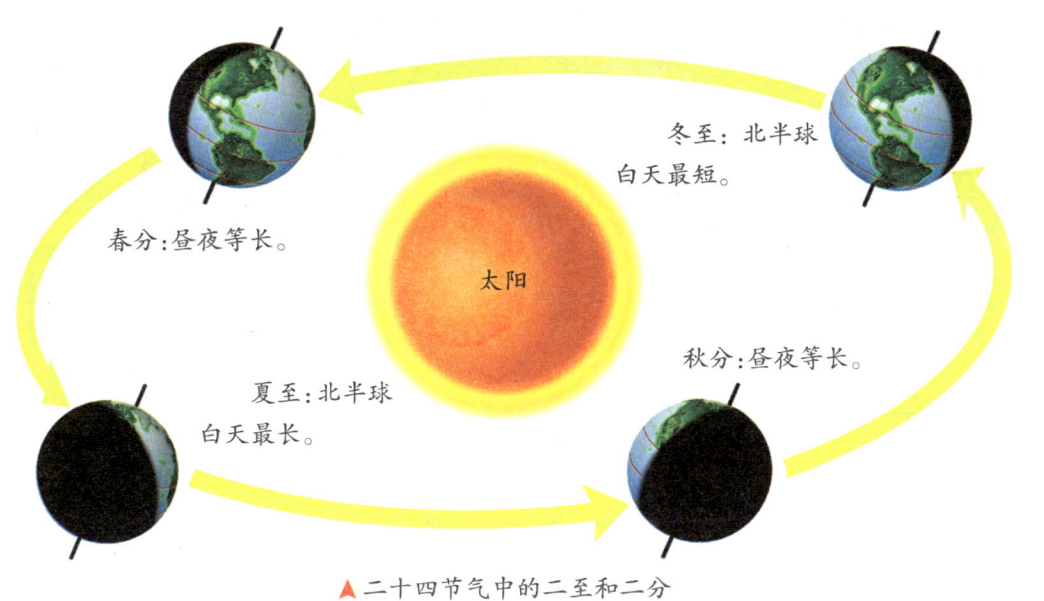

▲ 二十四节气中的二至和二分

二十四节气是怎么制定的？

二十四节气能反映季节的变化，是根据太阳在黄道（地球的公转轨道）上的位置来划分的。地球绕太阳公转一周为360°，以春分时为0°，清明时为15°，以后每隔15°为一个节气，运行一周又回到春分点，这样就有了二十四个节气。二十四季节气都固定在阳历的某些日子，如立春总是在阳历的2月3日至5日之间。

▼春分　▼夏至　▼秋分　▼冬至

▲ 北极地区

为什么南极比北极冷？

北极地区的北冰洋面积很大，保证了北极的温度不会降得过低，这是因为海洋能够吸收较多的热量，再慢慢地发散出来。而南极地区是一块大陆，储藏热量的能力较弱，所以温度就很低。另外，南极的海拔比北极高，由于海拔越高气温越低，也就难怪南极会比北极冷得多了。

地球上最热的地方在哪儿？

虽然太阳光全年都能直射赤道，但是，地球上最热的地方并不在赤道上，而是在非洲北部的撒哈拉沙漠。在撒哈拉沙漠，全年平均气温在25℃以上，而在撒哈拉沙漠腹地，白天的温度甚至可达70℃以上。所以，撒哈拉沙漠是当之无愧的"世界热极"。

▶ 炎热的撒哈拉沙漠

为什么最热的地方不在赤道上？

这是因为赤道上大部分地方为海洋，海洋吸收热量的本领比较高，不会使温度升得太高；而沙漠地区的沙子吸收热量的能力较弱，在太阳的直射下，温度就会上升得比较快，比较高。另外，赤道地区雨水充足，而撒哈拉沙漠地区很少下雨，这也是撒哈拉沙漠成为"世界热极"的很重要的原因。

▲和陆地相比，海洋冬暖夏凉。

地轴真的存在吗？

地轴是人们假想出来的，并不是确实存在的。地球始终不停地绕着这个假想的轴自转，所以人们又称它为"地球自转轴"。地轴通过地心，连结南、北两极，与地球轨道面的夹角为66°34′。

▶我们可以在地球仪上看到地轴，但它不是真正存在的。

为什么地球会绕轴自转？

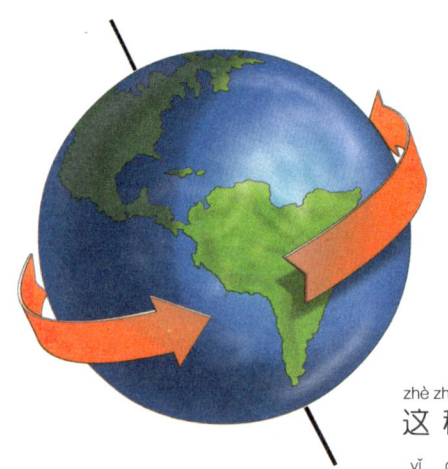

▲地球绕轴自西向东旋转。

地球每时每刻都在绕着地轴自转。地球自转是因为它在刚刚诞生的时候就具有旋转能量，而且这种能量至今仍然存在。当然，地球在自转时，也存在一种制止它转动的力，但这种力太小了，不足以让地球停下来，所以地球一直在做自转运动。

为什么会有白天和黑夜？

由于地球一直以地轴为中心自转，所以地球总是一面向着太阳，一面背着太阳。向着太阳的一面就是白天，背着太阳的一面就是黑夜。地球的自转速度总是均匀的，这就使得黑夜和白天轮班出现了。

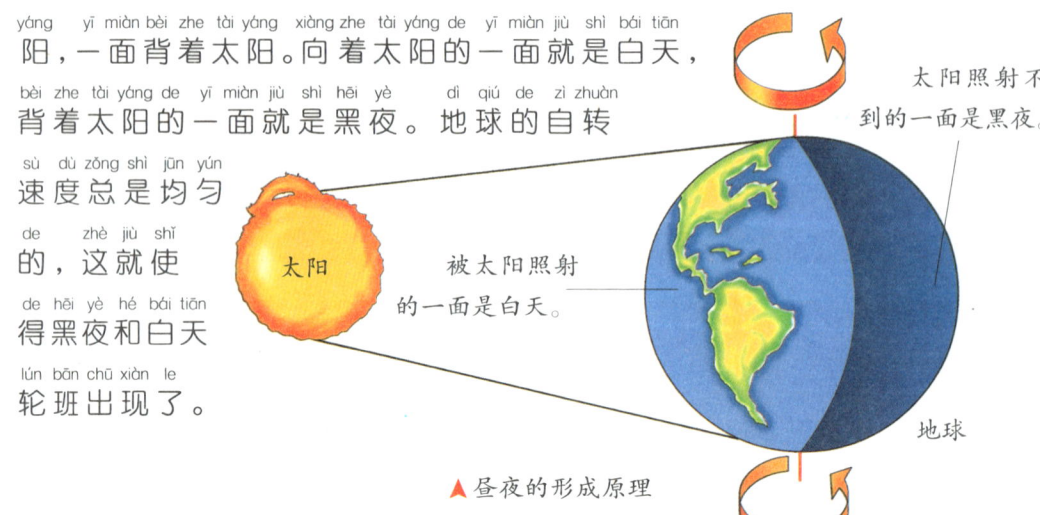

▲昼夜的形成原理

（按北京当地时间计，刻度一天为24小时）

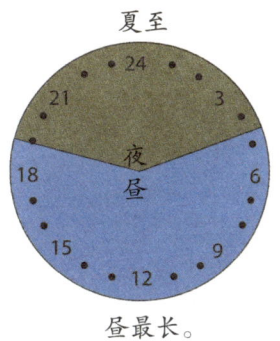
夏至
昼最长。

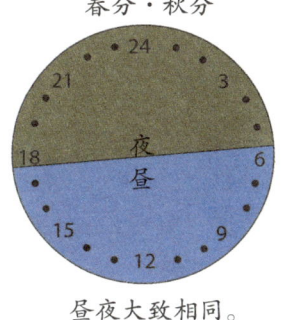
春分·秋分
昼夜大致相同。

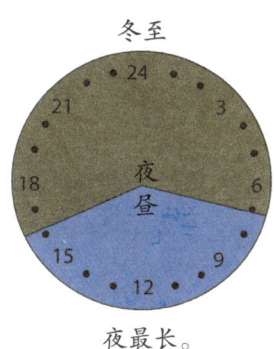
冬至
夜最长。

▲ 不同季节的昼夜长短

地球上有昼夜永远等长的地方吗？

地球上昼与夜的分界线叫做晨昏圈。晨昏圈将纬线分为昼弧和夜弧，昼弧处于白天，夜弧处于黑夜。由于地球在公转时"身体"是倾斜的，阳光的直射点就会来回移动，晨昏圈也会随着转动，把大部分纬线分为长短不同的两部分，所以昼夜的长度相应地就有所不同。不过，在赤道上，晨昏圈总是和赤道相互平分，因此，那里的昼夜永远等长。

▶ 晨昏圈永远都把赤道平分为昼弧和夜弧两部分。

为什么说大气层是地球的外衣？

地球被一层大气包裹着，这层大气就是大气层，它像是地球的衣裳，保护着地球。如大气层能使地表保持稳定的温度；能令地表的水分循环往复；大气层屏蔽了太空中的电磁波、X射线以及其他宇宙射线，使地球上的生物免受危害；大气层还减轻了来自星际空间的流星对地表的袭击；等等。

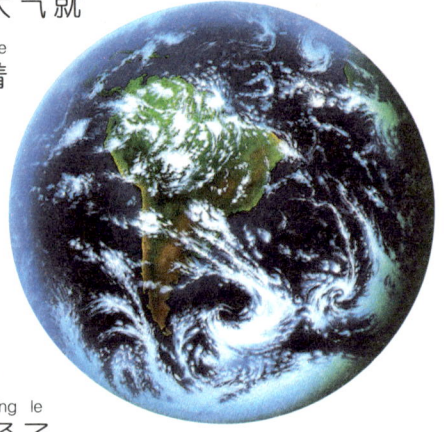

▲ 地球表面被大气层包围着。

外逸层
　　从地球大气层进入宇宙太空的过渡区域。

热层
　　能吸收大量的太阳辐射。

中间层

平流层
　　是大气中臭氧集中的地方。

对流层
　　云、雨、雪、风等天气现象都在此发生。

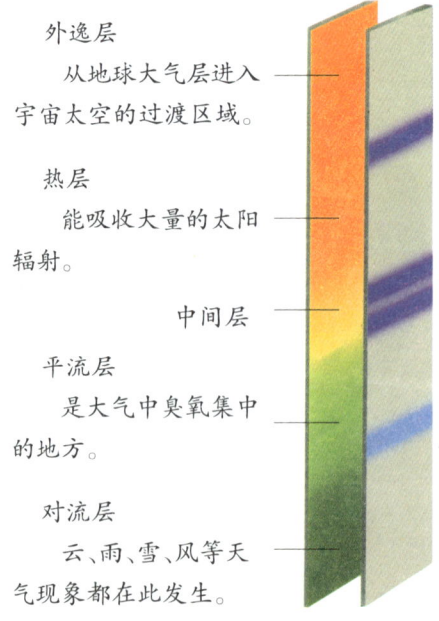

▲ 大气层的结构示意图

臭氧层有什么作用?

臭氧层集中了大气中的大部分臭氧,它对地球表面的生物起着重要的保护作用。它能吸收太阳射向地球的大部分紫外线,就像是地球的遮阳伞一样,保护着地球和地球上的生物,使它们免受强烈的紫外线伤害。

被臭氧层阻挡的光线

被地面吸收的光线

◀ 臭氧层是平流层的一部分,富含能吸收紫外线的臭氧。

为什么臭氧层会被破坏?

臭氧层比较"娇气",很多人为因素都会对它造成不利影响,比如人造的化工制品、一些电器放出的氟利昂气体等。如果农业不加控制地使用化肥,会产生大量的臭氧"杀手"——氧化氮。另外,各种燃料的燃烧也会产生大量氧化氮。这些物质会破坏臭氧,从而对地球上的生物生存造成潜在的威胁。

▶ 不断扩大的臭氧层空洞

为什么地磁场也有保护作用？

如果没有地磁场，来自太阳的强烈射线就会直接照射在地球上，对所有生命的生存造成威胁。所以，地磁场虽然看不见，但是却和大气层一样，默默无闻地用自己的身体保护着地球上的动物和植物，使它们免受宇宙辐射的侵害。此外，地磁场还如同向导一样，可以帮助一些动物辨认方向。

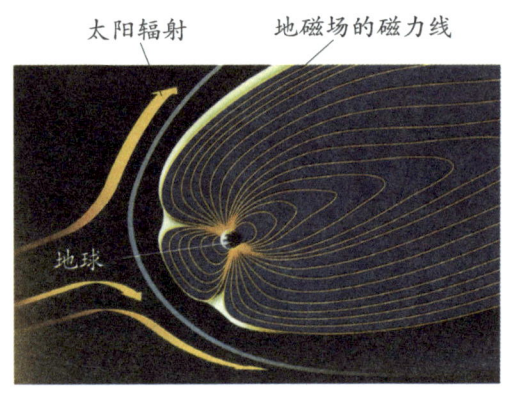

▲ 地磁场与太阳辐射"抗衡"。

为什么地球上会有生命？

地球与太阳的距离适中，这使得地球能保持0℃~100℃的温度，水能以液态的形式存在，也能使地球表面温度处于逐渐变化的过程中。在这种环境下，地球上的生命才能生存和发展。地球的引力正好能将大气吸附在地球表层，形成了能保护生命存在的大气层。大气中的气体适于生物呼吸，为生命的产生提供了条件。

▲ 生命的存在需要满足一定的条件。

美丽的地球

▲生物圈从天空一直延伸到海底。

什么是生物圈？

地球上的生命以及受到生命活动影响的地方都属于生物圈，生物圈包括植物、动物和微生物，以及空气、水、岩石、土壤等。生物圈可达海平面以上约10千米的高度、海平面以下约10千米的深度。

▼生物圈中生活着各种动植物。

97

为什么地球会"震怒"?

地球有时会"发抖",好像是在生气一样,其实,这是发生了地震。地震最主要的原因是地球的构造运动。

原来,地球在运动时,会产生一种巨大的力,使地下的岩层发生变形。当这个力大到一定程度时,岩层就会承受不住,突然发生破裂并产生振动,当振动传到地表时,就引起了地震。另外,火山活动也可以引发地震。

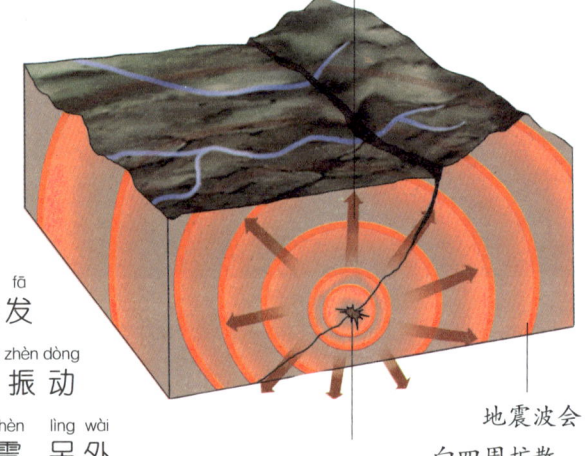

震源上方正对着的地面是震中。

地震波会向四周扩散。

震源是地震开始发生的地方。

▲ 地震的发生

为什么地震前会产生地光?

地震前,常常会发生奇异的闪光,这就是地光。地震前,岩石间剧烈摩擦,产生电荷。同时,摩擦产生巨大的热量,使岩石中的水分急剧蒸发,分解成氢和氧两种气体。氢氧混合气体被摩擦产生的电荷点燃后,会发生爆炸,地光就形成了。

◀ 地下岩石间由于剧烈摩擦会产生电荷和巨大的热量,从而出现地光。

怎样区分地震的强度？

我们用地震震级来区分地震的强度，各国地震分级的标准不同，我国使用的是国际通用标准，叫"里氏震级"。在这个标准下，地球震动得越厉害，地震震级就越大。比如，3~5级的地震是弱震，会造成较小的危害；5~7级的地震是强震，会造成较大的破坏；7级以上的地震具有极大的破坏力，可以使房屋倒塌。

▲3级地震

◀5级地震

▶9级地震

▲12级地震

什么是大陆漂移学说？

如果仔细观察地图，我们就可以发现，大西洋两岸的地形惊人地吻合，这就是"大陆漂移"学说最直接的证据。大陆漂移学说是德国气象学家魏格纳在1910年提出的。这个学说认为：远古时，地球上只有一块陆地，它的周围是大洋。大约两亿多年前，大陆开始发生破裂，并开始漂移。在约两三百万年前，这些漂移的大陆终于漂到了今天的位置，形成了七大洲、四大洋的基本面貌。

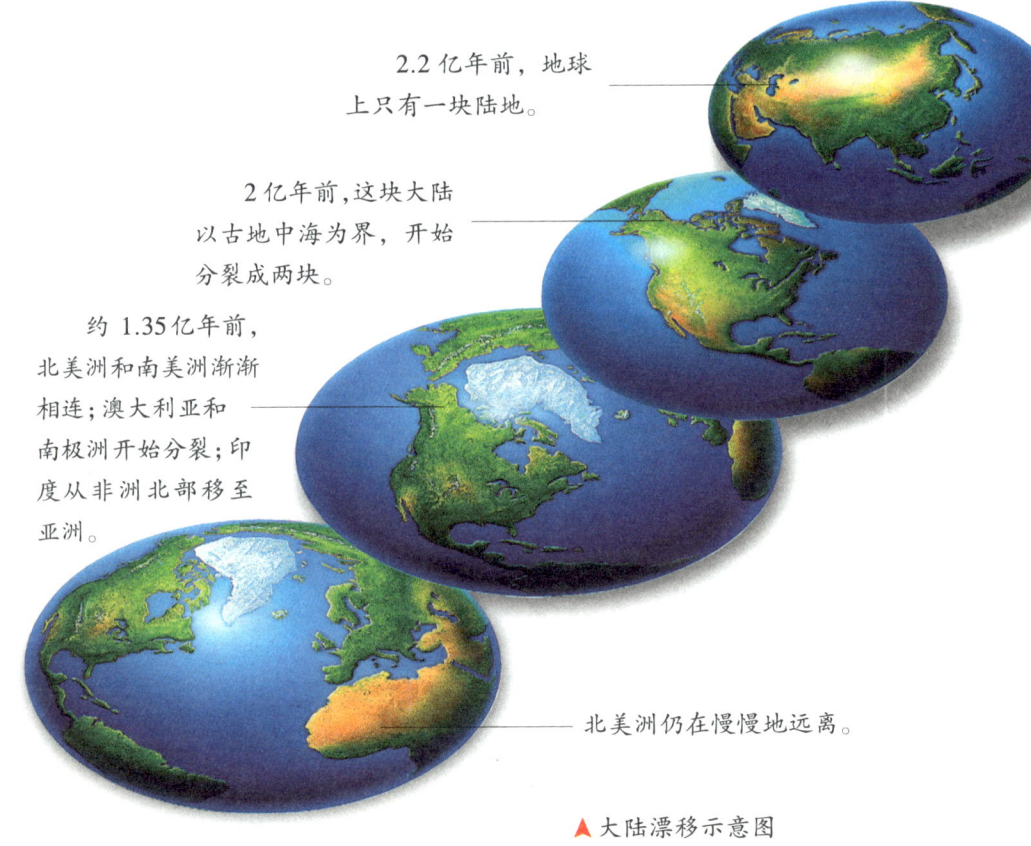

2.2亿年前，地球上只有一块陆地。

2亿年前，这块大陆以古地中海为界，开始分裂成两块。

约1.35亿年前，北美洲和南美洲渐渐相连；澳大利亚和南极洲开始分裂；印度从非洲北部移至亚洲。

北美洲仍在慢慢地远离。

▲大陆漂移示意图

七大洲、四大洋指的都是什么?

七大洲、四大洋形象地说明了地球表面的水陆分布情况。七大洲分别是：亚洲、非洲、北美洲、南美洲、南极洲、欧洲和大洋洲，约占地球总面积的29%。四大洋指的是太平洋、大西洋、印度洋和北冰洋，约占地球总面积的71%。

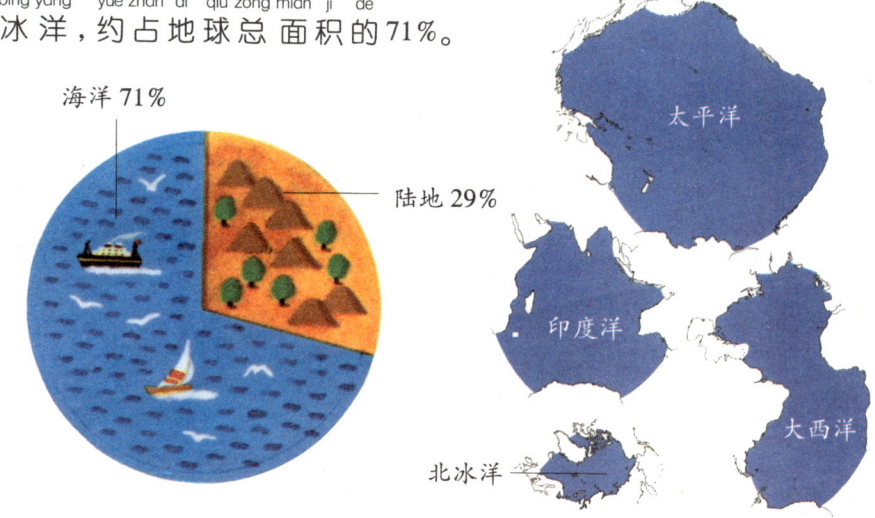

▲海洋与陆地的比例　　▲四大洋

为什么说太平洋不太平?

太平洋是台风的主要发源地之一。洋上的台风能造成狂风暴雨，甚至引起海啸。太平洋处在几个板块的交界处，是火山和地震最经常发生的地带。海底地震发生时，也会造成海啸。可见，太平洋并不太平。

▲太平洋风暴

为什么大海是蓝色的?

光由红、橙、黄、绿、青、蓝、紫七色光复合而成,其中波长较长的红光、橙光、黄光穿透能力强,易被水分子吸收;波长较短的蓝光、紫光穿透能力弱,容易被海水散射和反射。由于人们的视觉对紫光不敏感,对蓝光比较敏感,我们所见到的海洋就是蓝色的了。

▲ 蓝色的海水

为什么远处海天相接?

地球是圆形的,所以其表面的大海呈弧形。天空其实是环绕着地球的大气,也呈圆形。所以,大海和天空在平行延伸,而人的视力无法将远处的大海和天空分开,就会觉得大海和天空相接了。

▼ 海天相接的景象

为什么海水咸咸的?

在海洋刚刚形成的时候,陆地上的土壤和岩石中含有大量盐分。那时,地球上空弥漫着大量的水蒸气,它们冷却后落到地面,形成雨水。土壤和岩石中的盐分就溶解在雨水中,被带进了海里。同时,海水在太阳照射下蒸发得很快,盐却留在了海里,于是,海水变咸了。

▲火山喷发出混合气体,形成早期大气。

▲水汽在大气中凝结成雨,降至地面。

▲雨水被带入海洋,蒸发后,盐分留在海中。

▲海水的咸度基本保持平衡。

海水会越来越咸吗?

海水在一段时期朝着变咸的方向发展,而在另一段时期又会向着相反的方向变化,总的来说,海水的咸度比较平衡。而且,海水虽然不断蒸发,但河水等淡水也在不断地流入海中,使海水不会越变越咸。

为什么大海会有潮汐？

大海每天都会有涨潮和落潮的现象，这种现象叫做潮汐。产生潮汐的原因是月球和太阳对地球的引力，潮汐主要随着月球的运行而变化。月球时刻绕着地球旋转，对地球产生引力，使海洋的水位发生变化。水位上升形成涨潮，下降形成退潮。由于引力的作用，海水每天都会涨落两次。

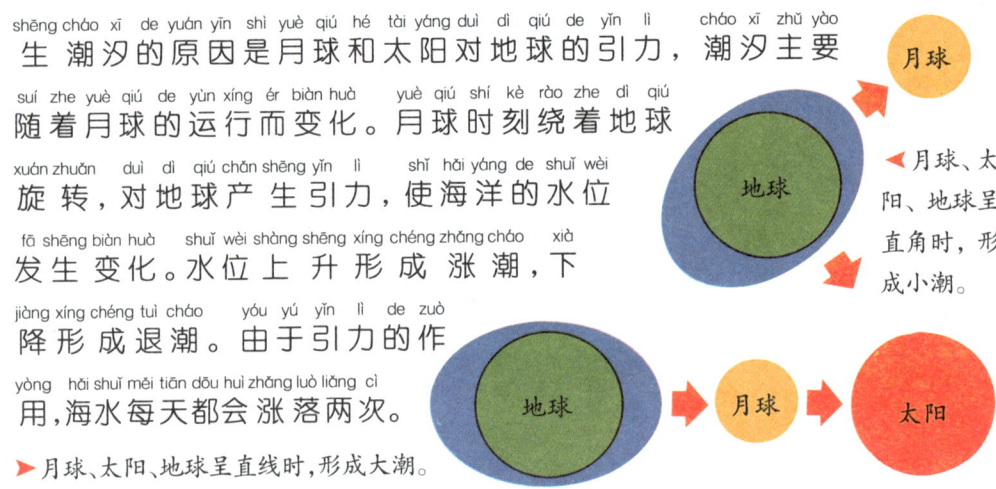

◀ 月球、太阳、地球呈直角时，形成小潮。

▶ 月球、太阳、地球呈直线时，形成大潮。

为什么大海会"暴怒"？

当海底发生地震时，地壳断裂，引起剧烈的震动并激起巨浪。当巨浪逼近海岸线时，海底陡然隆起，波底遇到阻碍，巨浪就会像高耸的墙壁一样冲上陆地，形成海啸。海啸发生时，海水能将沿海地带淹没。

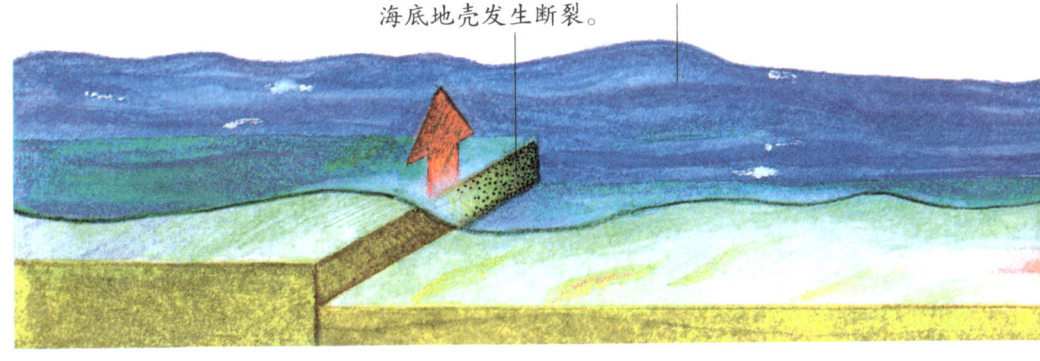

海底地壳发生断裂。 巨浪形成。

美丽的地球

▲ 各种因素使得海水无法结冰。

为什么大海不容易结冰？

我国长江（约北纬30°）以北的湖泊，冬天都有冰冻现象。但是，在南纬60°以南的大洋面上，几乎难于见到就地生成的海冰。这是因为海水含盐度很高，使得海水的结冰点降低了。另外，海水内部对流强烈，加上海洋受波浪、风暴和潮汐等因素的影响很大，即使达到结冰点，冰晶也很难形成。

▼ 海啸的形成

巨浪在海洋中快速传到远方。

巨浪遇到阻碍，突然上涨，冲向陆地。

105

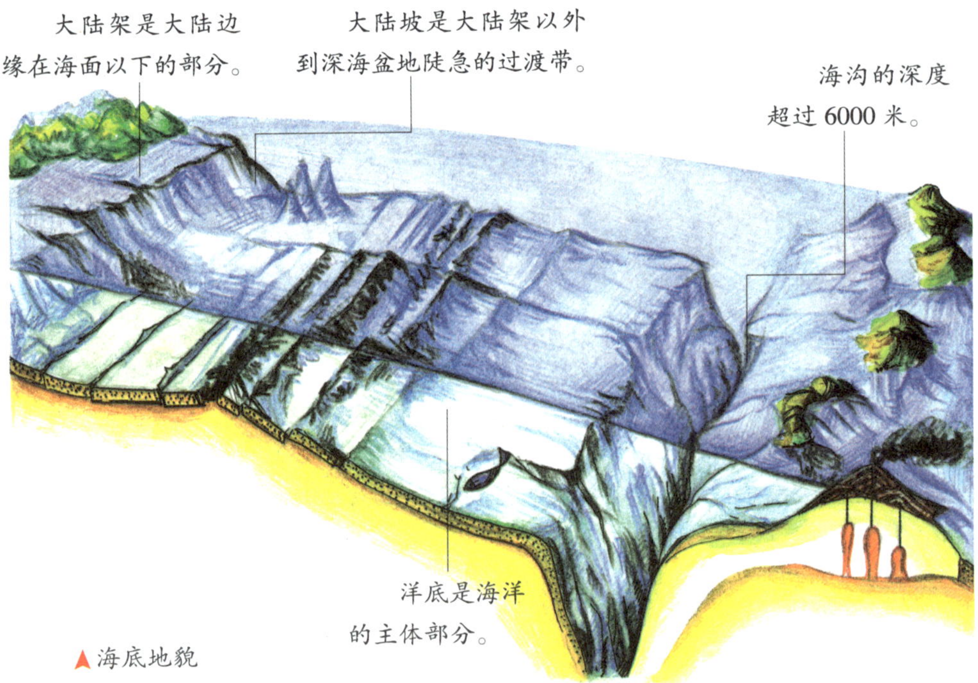

大陆架是大陆边缘在海面以下的部分。

大陆坡是大陆架以外到深海盆地陡急的过渡带。

海沟的深度超过6000米。

洋底是海洋的主体部分。

▲海底地貌

海底也高低不平吗？

海底的地貌和大陆上的情况一样，并不十分平坦。海底不但有高耸的海山、起伏的海丘、绵延的海岭、深不可测的海沟、广阔的深海平原，而且地形的高低差别比陆地上还要大呢。

◀海洋最深处的马里亚纳海沟能把陆地最高的峰珠穆朗玛峰吞没。

为什么海平面也高低不平？

海水是液体，在重力作用下，由高处向低处流，构成一个大洋的平面，这就是海平面。可是，各大洋的海平面是高低不同的。这是因为海洋底部凹凸不平，对海水产生的引力就有大有小。如果引力大，吸引的海水就多，海面就比其他海面高；相反，会形成一个比四周海平面都低的"水谷"。

▶ 地球上的海平面在总体上是高低不平的。

为什么红海有时是红色的？

通常，红海的海水是蓝绿色的。不过有时候，海水会变红。原来，红海海水含盐量大，水温高，为蓝绿藻类繁殖生长提供了良好的条件。这种藻类在死亡后会变成红褐色，漂浮在海面上，把海水"染"成红色。在红海两岸赭红色山岩的映照下，红海的颜色就更加红了。

▼ 神奇的红色海洋——红海

黑海是黑色的吗？

黑海只有一个很窄很浅的出口与地中海相连，不能很好地与外界交换海水。同时，大量淡水流入黑海。由于黑海下面的水盐度大，比淡水重，淡水就积存在上面。这样，下层海水中氧气很少，海水中的硫细菌与一种叫做硫化氢的气体相互作用，会把海底的淤泥染成黑色。所以，黑海就呈黑色。

▲黑海的海水被映成了黑色。

为什么火山口上有湖泊？

火山喷发结束后，火山口的熔岩会慢慢凝固，形成像漏斗一样的坑。经过漫长的岁月，无数的风霜雨雪使这个坑里慢慢积存了大量雨水和雪水，逐渐形成了火山口上的湖泊。

▼火山口上的湖泊一般面积不大，但很深。

为什么火山会"发火"?

火山"发火"是因为它的"忍耐力"达到了极限。原来,地球不停的运动使地球内部的温度和压力变得很高,于是,一部分岩石变成了高温高压的岩浆。岩浆沿着地壳的裂缝向上涌,同时分离出一些气体。一旦遇到地壳比较脆弱的地方,岩浆和气体就一起冲出地表,形成火山喷发现象。

▼火山喷发示意图

火山口是岩浆离开火山通道的出口。

火山灰由一些岩石碎屑和火山气体构成。

熔岩在岩浆到达地表后形成。

岩浆温度极高,含有大量气体。

岩浆喷发前,在岩浆室集聚。

为什么日本的火山比较多?

太平洋板块的地壳很薄,涌动的地下岩浆便很容易冲出地表,所以太平洋地区就成了火山集中的地带,地理上将这里称为"沿太平洋火山地震带"。日本的位置恰好位于太平洋板块与亚欧大陆板块的交界处,地壳更加脆弱,因而成为世界上火山活动最多、最激烈的地区之一。

▲日本的富士山是一座活火山。

只有陆地上才有火山吗?

大海里同样有火山。海底下面也有大量的岩浆,并且与陆地比起来,海底的地壳更薄,岩浆更容易喷出来形成火山。所以海中也经常会有火山喷发现象。海底的火山喷发还会形成火山岛,比如位于太平洋的夏威夷岛、中国的钓鱼岛等都是由于火山喷发而形成的岛屿。

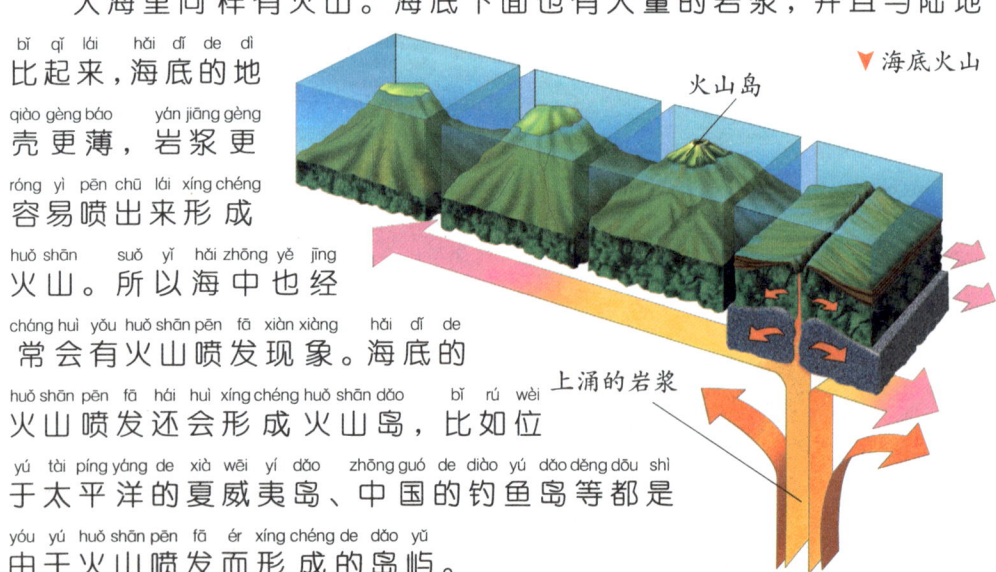

▼海底火山

火山岛

上涌的岩浆

美丽的地球

▲火山爆发时喷出的火山灰遮盖了居民的车。

火山喷发会带来什么影响？

火山喷发会给人类带来毁灭性的灾害，它不仅会给人类的生命财产带来损失，还会引发森林火灾、泥石流等。不过，火山喷发对人类也有一定好处，如地下蕴藏的矿产被带到地面，形成可为人类利用的矿床。火山喷发时释放出大量的二氧化碳，这些二氧化碳能够保持地表温度，防止地球变成冰川，给生物的生存创造了必要条件。

▲火山喷发出的火山碎屑会对人类造成危害。

为什么会形成断层？

地壳运动会产生强大的压力和张力，当这种压力和张力超过了岩层本身的强度时，岩石就会发生断裂，这样就形成了断层。两条断层中间的岩块相对上升，两边岩块相对下降时，相对上升的岩块叫做地垒，常常形成块状山地；两条断层中间的岩块相对下降、两侧岩块相对上升时，中间的岩块叫做地堑。

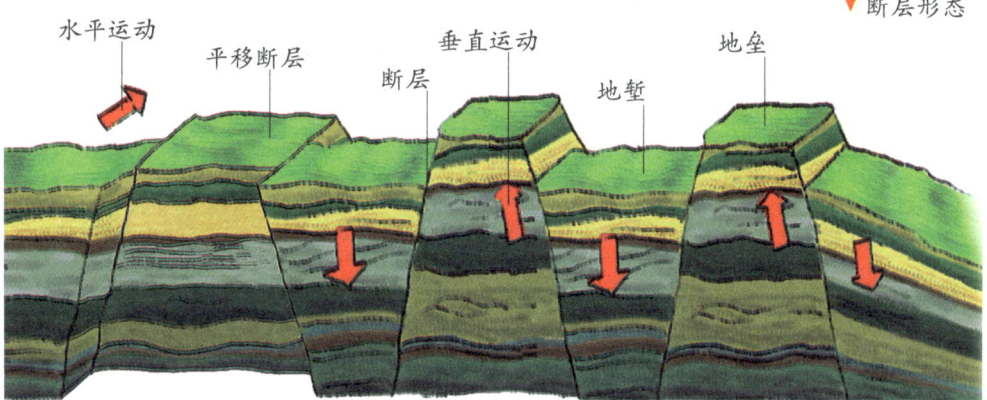

◢ 断层形态

褶皱是怎么回事？

当岩层受到地壳运动产生的强大挤压作用，便会发生波浪状的弯曲变形，这种变形就会形成褶皱。褶皱弯曲程度有的平缓，有的剧烈。喜马拉雅山脉、阿尔卑斯山脉等都是由褶皱造成的。

◀ 岩石层上的褶皱

岩石是怎么形成的?

岩石是地壳和上地幔的物质基础,由一种或多种矿物按一定方式结合而成,还有少部分由胶体物质或生物遗体组成。岩石的大小不一,形状多样。虽然岩石经常被土壤、植被或者沉积物和水所覆盖,但是地球表面的每寸土地下面都有岩石的踪影。科学家根据岩石的形成原因,把它们分为火成岩、沉积岩和变质岩三种。不同种类的岩石形成过程是不同的:火成岩来自地球内部的熔融物质,由火山喷发出来的岩浆直接变冷凝固形成;沉积岩是泥沙沉积而成,或由石灰质等物质沉积而成,多呈层状;变质岩是由火成岩或沉积岩经过变质作用而形成的。

▲由火山喷出的火成岩

▲变质岩

▲沉积岩

不同种类的岩石能相互转化吗？

不同种类的岩石是可以相互转化的。地壳深处的岩浆在上升到接近地表时，会在冷凝过程中形成火成岩。地球的运动使这些岩石上升到地表，在风化、侵蚀等作用下，岩石会破碎成小颗粒，被水和风等搬运，沉积在一起，最后形成沉积岩。同时，高温高压可以使沉积岩和岩浆岩转变为变质岩。

▼岩石的形成与转化

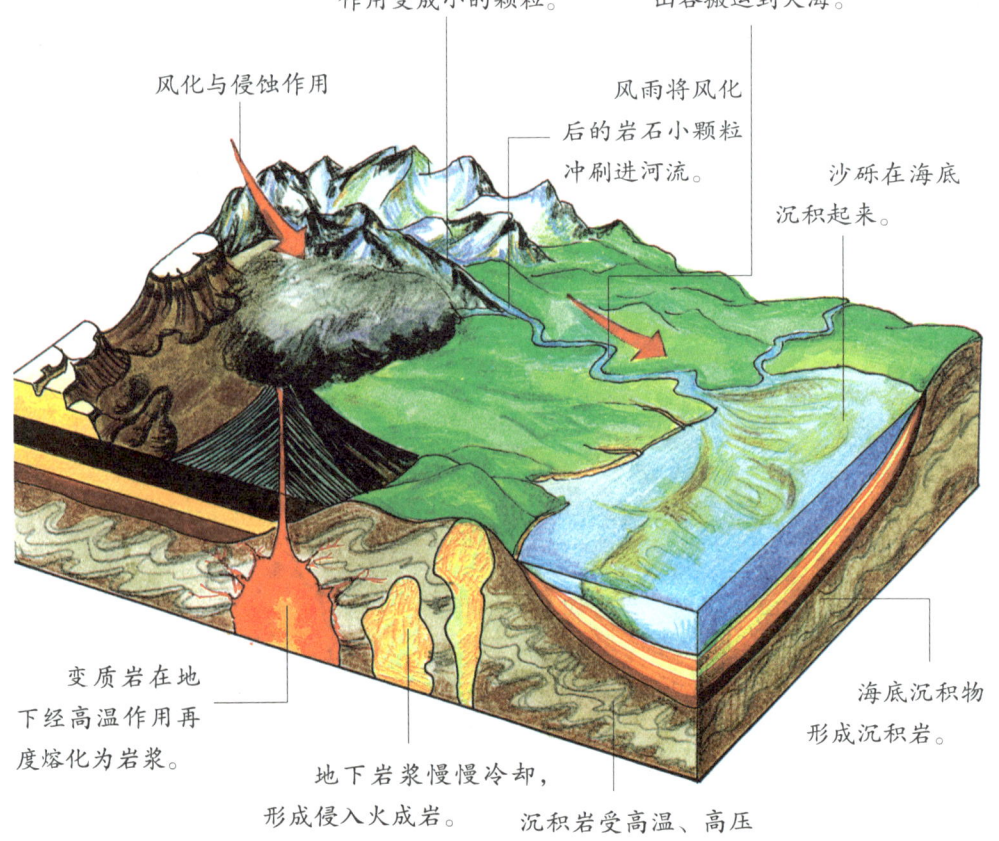

大块岩石受到风化作用变成小的颗粒。

流水将小沙砾由山谷搬运到大海。

风化与侵蚀作用

风雨将风化后的岩石小颗粒冲刷进河流。

沙砾在海底沉积起来。

变质岩在地下经高温作用再度熔化为岩浆。

地下岩浆慢慢冷却，形成侵入火成岩。

沉积岩受高温、高压作用形成变质岩。

海底沉积物形成沉积岩。

土壤是怎么形成的？

岩石经过长期风吹雨打和太阳照射，会出现许多裂缝，最后破裂成小石头。下雨时，雨水顺着裂缝进入小石头。夜晚降温后，岩石中的水冻成冰，把小石头撑裂，小石头变成了粗沙子。持续不断的日晒雨淋使粗沙子变成细沙子，最后变成了土壤。

岩石受到太阳照射裂开。

岩石中的水冻成冰，把岩石撑裂开。

持续不断的风吹日晒使岩石碎裂得越来越小，最后形成土壤。

▲ 土壤的形成

▼ 红色的土壤

为什么土壤会有各种颜色？

土壤的颜色是由自然条件决定的。比如，青土和白土是由于岩石本身仅含有单一颜色或相同色彩的矿物；热带和亚热带多红土，是因为那里高温多雨，土壤中的二氧化硅等被雨水带走，而红色的氧化铁和氧化铝却留了下来，使土壤呈红色。

▲ 肥沃的黑土地

为什么黑色的土壤很肥沃?

在人类未开发前,黑色土壤所处的地方有许多茂密的植物和动物。动植物死亡后,它们的遗体被细菌分解并形成腐殖质。因为腐殖质是黑色的,经过年复一年的积累,土壤就变成了黑色。腐殖质还有一个重要的作用,那就是能使土壤变得肥沃。随着腐殖质的增多,黑色的土壤也就越来越肥沃了。

为什么黄土高原上有那么多黄土?

黄土高原上的黄土来自中亚和我国西北的沙漠地区。这些黄土随着西北风南下,后来由于风势减弱,便降落在秦岭以北的地方,经过数百万年的累积,逐渐形成了现在的黄土高原。

▼ 黄土高原上土质优良,利于耕作。

化石是地球历史的见证吗?

许多生物在地球上生活一段时间后就灭绝了,它们身体坚硬的部分如骨骼、枝叶等与包围在周围的沉积物一起经过漫长的化学作用后,变成了石头,这就是化石。从化石中,我们可以看到古代动物、植物的样子。通过对化石的研究,科学家可以推断或了解到古代生物的生活环境、生活习性等,还可以推测出埋藏化石的地层形成的年代和经历的变化,从而认识地球生物的发展史。看来,化石还真是地球历史的见证。

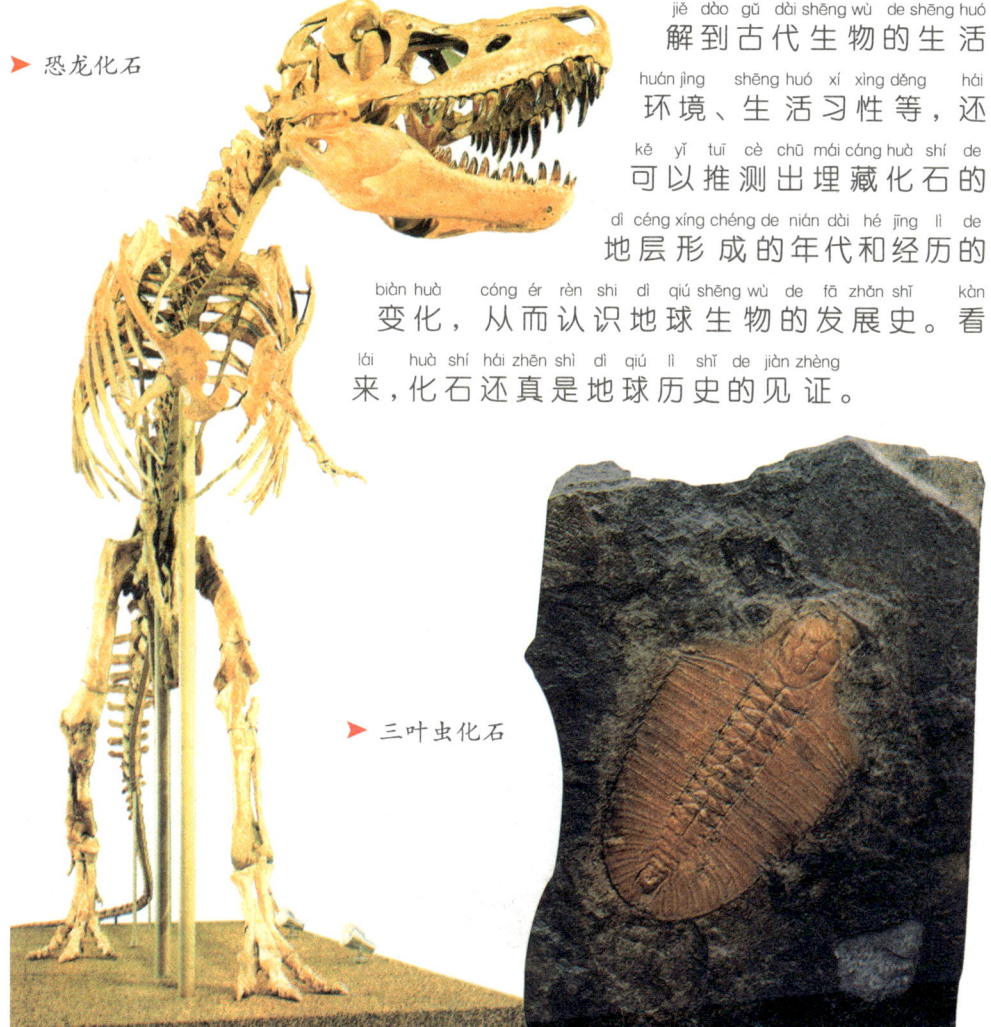

▶ 恐龙化石

▶ 三叶虫化石

为什么岛屿会时隐时现？

岛屿是完全被水包围的陆地。在海洋中，有的岛屿时出时没，好像在玩捉迷藏。这样的岛屿多数是海底火山喷发出的固体物质堆积成的。火山暂时停止活动后，海浪又会逐渐把这些岛屿摧毁，最终使它们消失在海面上。就这样，周而复始，海面上就出现了岛屿时出时没的景象。

▲ 岛屿是被水包围的陆地。

为什么冰川会"走路"？

冰川在寒冷的气候条件下形成。在两极和高山地区，固体降水（大部分以雪的形式出现）很多。因为高寒，雪蒸发消融很少，越积越多，最后变成了冰。这些厚厚的冰雪在重力作用下，从高处向低处缓缓流动，整个冰川就会"走路"了。当然，冰川上下表面温度不同所导致的摩擦力变化也会使冰川向前运动。

运动方向

底冰融化。

底冰滑动。

相互滑动的冰层

内部变形

▲ 冰川的运动方式

为什么说冰川是大地的刻刀？

冰川的滑动，是进行侵蚀、搬动、塑造各种冰川地貌的动力。冰川在滑动运动中，会对谷底、谷坡的岩石进行压碎、磨蚀、拔蚀等作用，在这个过程中，会形成一系列冰蚀地貌，比如常见的U形谷、羊背石、冰斗、角峰、峡湾、岩盆等，难怪人们说冰川是大地的刻刀。此外，冰川在融化后还会形成湛蓝纯净的冰斗湖、冰碛湖。

▲冰川是地表重要的淡水资源。

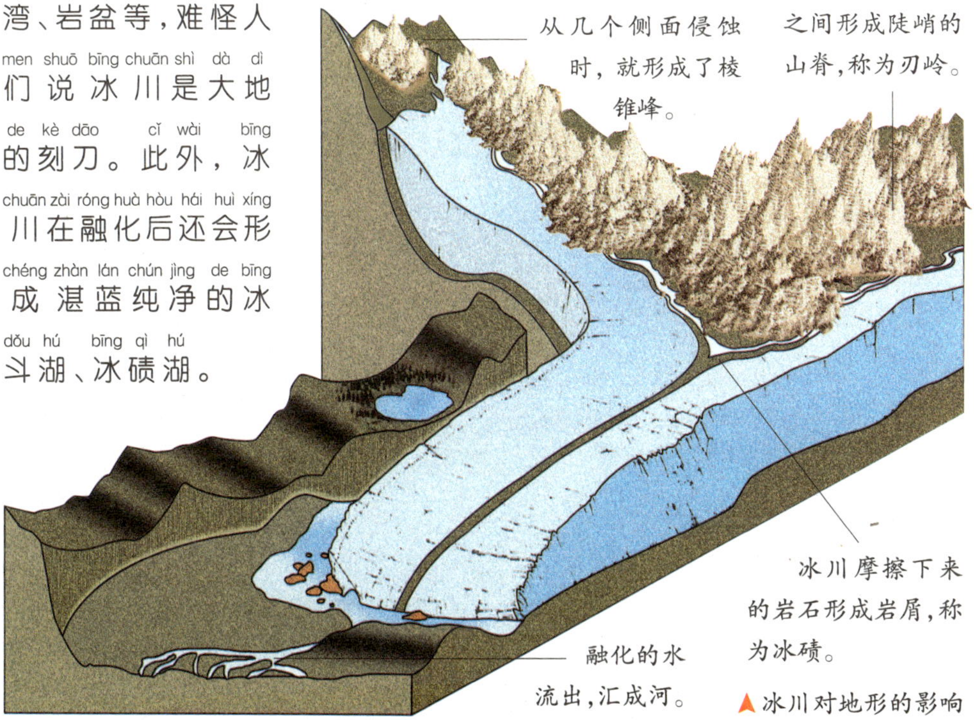

当山峰被冰川从几个侧面侵蚀时，就形成了棱锥峰。

在两条冰川之间形成陡峭的山脊，称为刃岭。

冰川摩擦下来的岩石形成岩屑，称为冰碛。

融化的水流出，汇成河。

▲冰川对地形的影响

滑坡和泥石流是一回事吗?

▲ 滑坡的形成

滑动面

滑动岩块常破裂为阶梯状断面。

▲ 泥石流的形成

水与岩石、泥沙混合,形成泥石流奔泻而下。

泥石流在山坡底部扩展。

在山的斜坡上,往往有不稳定的岩石或土块,它们在重力的作用下,或者受到地震、河流的冲刷后,就会沿着斜坡向下滑动,形成滑坡。大量的泥沙、石块在重力和水的作用下沿着沟谷下降时,就会形成泥石流。滑坡和泥石流常相伴在一起,不过,泥石流的发生要有水源。

为什么河流弯弯曲曲的?

河流在行进过程中,会遇到各种阻碍。如果河岸比较容易被破坏,水流就会轻松地冲开河岸,向前奔流;如果河岸比较坚固,水流就得"绕行"了。所以,整条河流看起来总是弯弯曲曲的。

如果河岸比较坚固,水流就迂回前进。

为什么大河入海处有三角洲？

▲ 河口处的三角洲

河水从源头出发，经过漫长的"旅途"后，最终会奔向大海。河流在一路上会携带大量泥沙。到了入海处，河面变得宽阔、陆地也很平坦，所以流速减小了，同时，海水不断涌入，更加减小了河水流入大海的速度，而延长了它入海的时间。因此，泥沙在河口沉淀、堆积起来，最终露出水面，形成一片陆地。这片陆地很像个三角形，顶部指向上游，底边为其外缘的陆地，人们把它称为"三角洲"。三角洲表面平坦，土质肥沃。世界上著名的三角洲是尼罗河三角洲、密西西比河三角洲、长江三角洲等。

◀ 河流的流程

为什么黄河的水是黄色的？

黄河水的颜色主要与所流经的黄土高原有关。黄土高原上的黄土土质疏松，缺少植被。经过雨水以及河水的长期冲刷以后，黄土高原的泥沙被流水携带着流进了黄河，结果把黄河的水给染黄了。

▲黄河以含沙量大而闻名世界。

瀑布是怎样形成的？

组成河床底部的岩石软硬程度不一致，被河水冲击侵蚀的过程中，松软的岩石被流水侵蚀掉了，只留下坚硬的岩石。当河水流到这里时，便飞泻而下，形成了瀑布。也可以说，河水在河道中奔流，遇到河床的陡坎时，便跌下来，形成了瀑布。另外，在山崩、断层、冰川等作用下，河道中也会形成瀑布。

▼瀑布的形成

瀑面

坚硬的岩石

被磨蚀的岩石

瀑潭

为什么瀑布最终会消失？

瀑布虽然壮美磅礴，但却是一种暂时的现象，它最终会消失。这是因为，造成瀑布的悬崖，在水流的强力冲击下将不断坍塌，这就使得瀑布向上游方向后退，它的高度也会不断降低。随着时间的推移，瀑布离河流的上游越来越近，"身材"也越来越矮，它的迷人"身影"最终会不见。

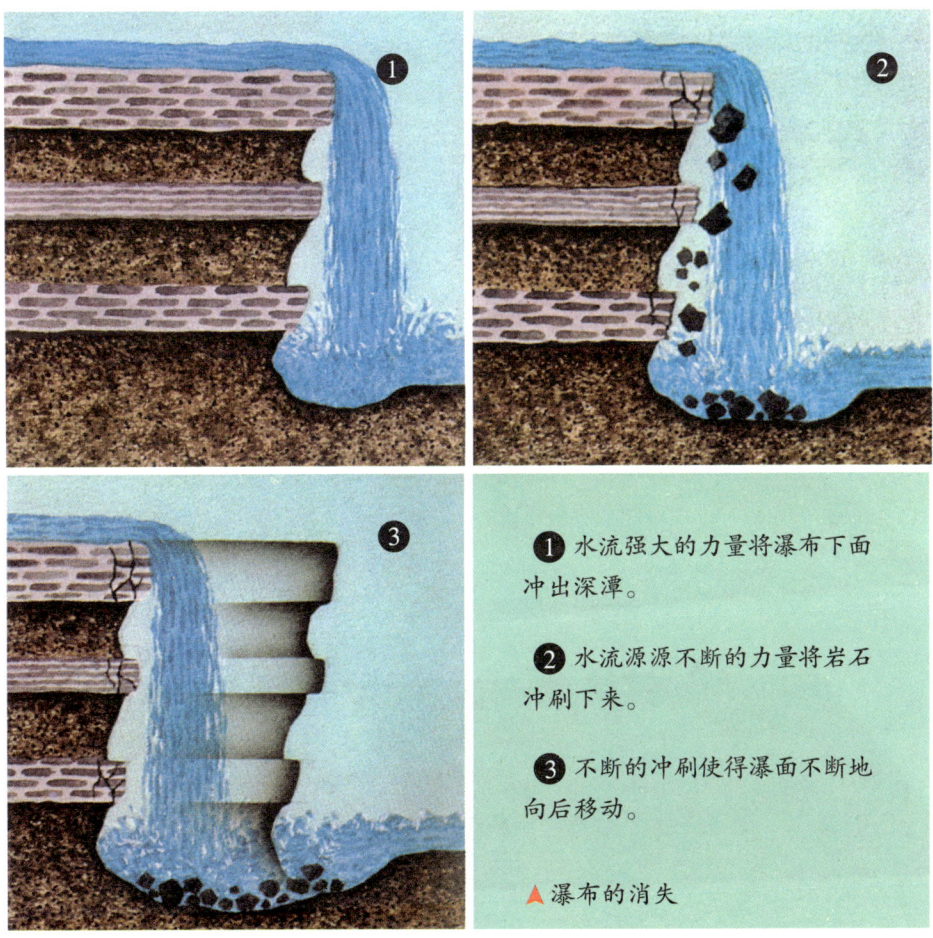

❶ 水流强大的力量将瀑布下面冲出深潭。

❷ 水流源源不断的力量将岩石冲刷下来。

❸ 不断的冲刷使得瀑面不断地向后移动。

▲瀑布的消失

湖泊是怎么形成的?

地球一刻也不"老实",它的地壳运动、冰川作用、河流冲淤等地质活动使地球表面出现了许许多多面积较大的凹地。这些凹地积水之后,就形成了一个个秀丽的湖泊,它们看上去好像是盛满水的水盆。

▲湖泊中的水流动缓慢,或者是静止的。

外流湖和内流湖有什么区别?

外流湖的湖水与河流相通,湖水最终汇入海洋。外流湖的水位比较高,这是因为流入外流湖的河流水量十分丰沛,对湖泊的补给量大。我国的洞庭湖、鄱阳湖等都属于外流湖。而内流湖多位于大陆深处,远离海洋,湖水完全没有路径流入海洋,且蒸发量大。青海湖、纳木错湖就属于内流湖。

▼内流湖的湖水没有路径流入海洋,多为咸水湖。

▲外流湖与河流相通,最终注入海洋。

什么是堰塞湖？

大部分堰塞湖是由火山熔岩流堵截河谷，使河水渐渐汇集而形成的。另一部分堰塞湖是由地震活动等原因引起山崩滑坡，堵截河谷或河床后贮水而形成的。

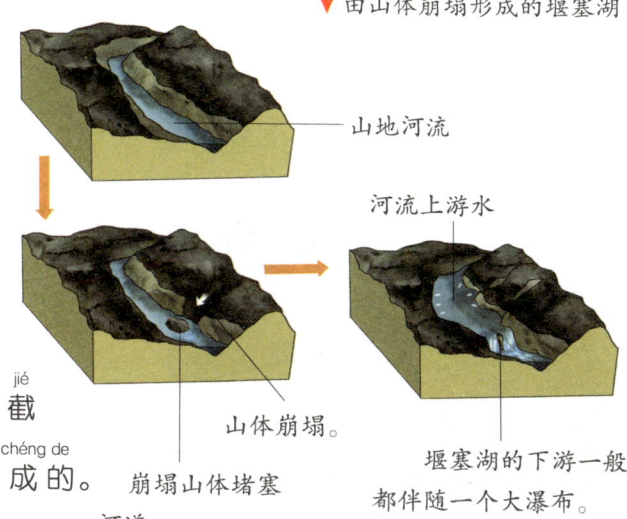

▼由山体崩塌形成的堰塞湖

山地河流

河流上游水

山体崩塌。

崩塌山体堵塞河道。

堰塞湖的下游一般都伴随一个大瀑布。

为什么湖泊有咸淡之分？

江河在流动的过程中，会把所经过地区的岩石和土壤里的盐分溶解。当江河流经湖泊时，就会把盐分带给湖泊。如果湖水有出口继续流出，盐分也跟着流出去，就会形成淡水湖。如果湖泊排水不方便，且气候干燥，水分蒸发强烈，盐分就会沉积下来，湖水就会越来越咸，成为咸水湖。

◀青海湖是中国最大的咸水湖。

贝加尔湖中怎么会有海洋生物？

贝加尔湖是世界上最深的淡水湖，但奇怪的是，湖中生活着大量的海豹、龙虾、海螺等海洋动物。这是因为贝加尔湖的自然状况与海洋环境较为相似：不同深度湖水的含盐量各异；湖水含氧量大；湖底地形复杂多样。另外，贝加尔湖的温带大陆性气候也适于海洋生物生存。

▲ 贝加尔湖海豹

湖水可以同时出现不同颜色吗？

湖水很神奇，可以同时出现不同的颜色。湖水的颜色其实是受周围环境影响的。如九寨沟的五花湖湖水色彩丰富，这是因为湖水倒映出周围环境中的色彩，湖底的石灰岩本身也颜色有别。同时水里的水藻也有颜色透出。

▶ 五彩池池畔植物色彩的不同可以使湖水呈现不同颜色。

美丽的地球

▲人可以躺在死海海面上悠闲地读书。

为什么人能浮在死海海面上？

这是因为死海的含盐量非常高，湖水的相对密度比人体的相对密度要大很多，能把人浮起来。这其中的道理就像相对密度较大的水能浮起相对密度较小的油花儿一样。所以，人在死海里可以自由地玩耍，完全不用担心被淹死。

世界上最大的湖是哪个？

世界上最大的湖是里海。里海位于欧亚两洲交界的地方，南北长1200多千米，平均宽约320千米。里海四面是陆地，与海洋不直接相连，所以虽然里海的名字中有"海"字，但在地理上它却属于湖泊。

▶ 里海的湖底有丰富的石油。

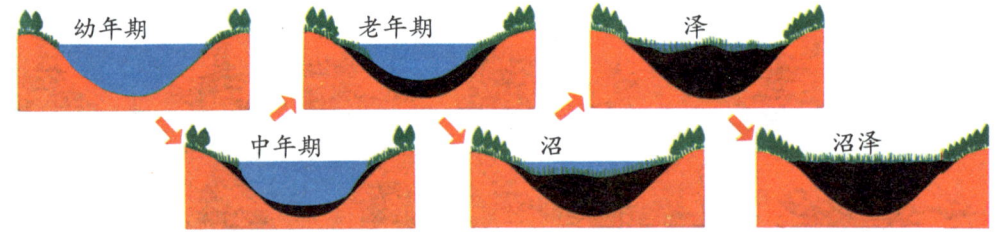

▲沼泽地形成过程示意图

沼泽地是怎么形成的?

沼泽地大多数都在低洼地区,这里积水较多,气温较低。沼泽地的形成原因有很多种:有的是由江河湖海的边缘或浅水地区的泥沙淤塞堆积而成的;有的是由湖泊淤积变浅形成的;还有的是地下水聚集形成的。

山脉是怎么"长"出来的?

在陆地上,有些山常成组地沿一定的方向有规律地延伸,我们把这些山称作"山脉"。在地球演变的过程中,组成地壳的各个板块相互碰撞和挤压,使板块的边缘部分逐渐弯曲变形,板块因受力而向上隆起形成了山岭,向下弯曲就形成了山谷。山脉就是这样"长"出来的。

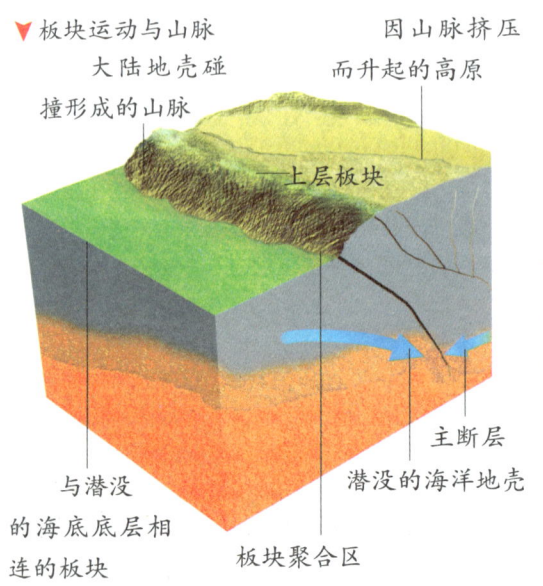

▼板块运动与山脉

大陆地壳碰撞形成的山脉

因山脉挤压而升起的高原

上层板块

主断层

潜没的海洋地壳

与潜没的海底底层相连的板块

板块聚合区

美丽的地球

▲ 喜马拉雅山

喜马拉雅山从前是大海吗？

喜马拉雅山位于我国西南边疆，是世界上最高的山脉。可是，科学家测定，约两亿多年前，喜玛拉雅山确实是一片汪洋大海。后来，由于地壳运动，地球上的板块不断地相互碰撞。其中，欧亚板块与印度洋板块相遇并发生强烈的碰撞，使地层受到挤压，地面隆起，就逐渐形成了高大的喜马拉雅山。

▼ 喜马拉雅山的形成

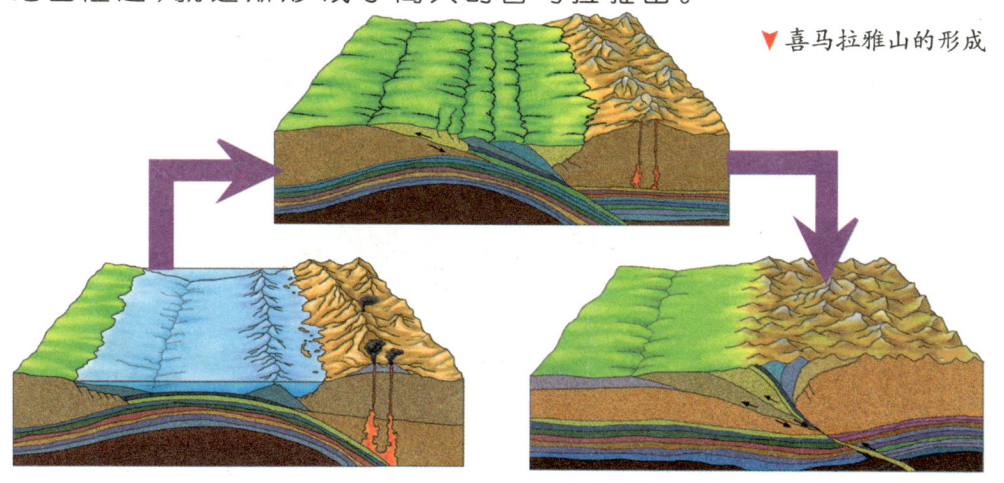

云南的石林是怎么形成的？

云南石林所属的地区拥有众多的石灰岩层，这些石灰岩层为形成云南石林的地貌奠定了基础。石灰岩层在漫长的时间里经受地壳运动的抬升作用成为陆地。后来，地下水、地表水沿岩石裂隙进行溶蚀，地面上就出现了很多突起的"石柱"，慢慢地，组合类型多样的石林地貌景观形成了。

▲ 云南石林是世界罕见的风景名胜。

为什么钟乳石和石笋相对生长？

在溶洞中，顶上的裂隙里不断有水滴渗出来，水滴沉积了石灰质，就逐渐形成下垂的钟乳石；当水滴滴落下来后，石灰质在地面沉积起来，越长越高，形成石笋。天长日久，钟乳石和石笋相对生长的景观就形成了。

▼ 溶洞景观

流水滴下，石灰质凝结成钟乳石。

钟乳石和石笋连接起来，形成石灰岩柱。

水滴所含的石灰质在洞底沉淀积聚，凝结成直立的石笋。

盆地是"挖"出来的吗?

盆地是一种四周高、中间低的陆地地貌,就像一个大大的盆子。"大盆子"主要是由地壳运动形成的,在地壳运动作用下,地下的岩层受到挤压或拉伸,从而使有些部分的岩石隆起,有些部分的岩石下降,如果下降的部分被隆起的部分包围,就形成了盆地地形。

另外,还有一些盆地,主要是在地表外力,比如风力、雨水等的作用下慢慢形成的。

▲有些盆地的边缘上有缺口,河流能从中穿过,我们把它叫做外流盆地。

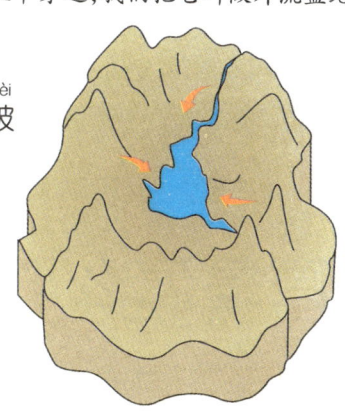
▲内流盆地中的河流只能进入,不能流出。

▼构造盆地

为什么称吐鲁番盆地中部为火焰山？

吐鲁番盆地气候干燥。夏季，在烈日照耀下，气温上升得很快。由于盆地陷落很深，热气不易散发，所以气温很高。而且，盆地中部红色的沙岩在烈日照射下，把周围映得火红，人处于其中，感觉还真像是在"火焰山"里呢，吐鲁番盆地中部因此得名。

▲ 位于吐鲁番盆地中部的火焰山

平原是怎么形成的？

平原宽广低平，有很多类型，它们的形成原因也有所不同，如构造平原是因地壳抬升或海面下降形成的；堆积平原是在地壳下降运动速度较小的过程中，沉积物补偿性堆积而形成的；侵蚀平原是因重力、流水的作用而使地表逐渐被剥蚀而形成的。

▼ 冲积平原的形成

河水流速减慢，泥沙开始沉积。

慢慢地，河水流动的路程呈现放射状，形成冲积扇。

沉积面积不断扩大，冲积扇最终形成冲积平原。

"魔鬼城"是谁建造的?

"魔鬼城"位于准噶尔盆地,因常发出恐怖的声音而得名,是谁建造了"魔鬼城"呢?原来,它是风的杰作。在魔鬼城形成的过程中,狂风吹入河谷盆地,因为受地形影响,产生了旋风。旋风不断盘旋,并剥蚀沙岩,慢慢地就构成了魔鬼城现在的样子。当然,"魔鬼城"的形成也与当地干燥的气候条件密切相关。

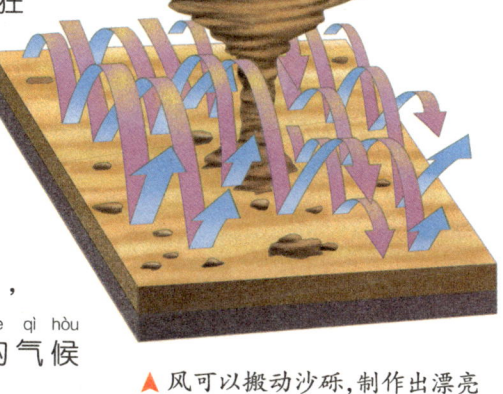

▲ 风可以搬动沙砾,制作出漂亮的蘑菇石。

▼ "魔鬼城"的建造者是风。

沙漠是怎么形成的？

沙漠所处的地区气候干燥，降雨量少，日照强烈，昼夜温差大。地面上的岩石在这种条件下，经历热胀冷缩和风化作用，破碎成沙粒，沙粒慢慢堆积，就形成了沙漠。另外，地壳变化会使湖泊、河流消失，露出原来的泥沙底部，这些泥沙也会慢慢形成沙漠。现在，植被的减少也是沙漠形成的原因之一。

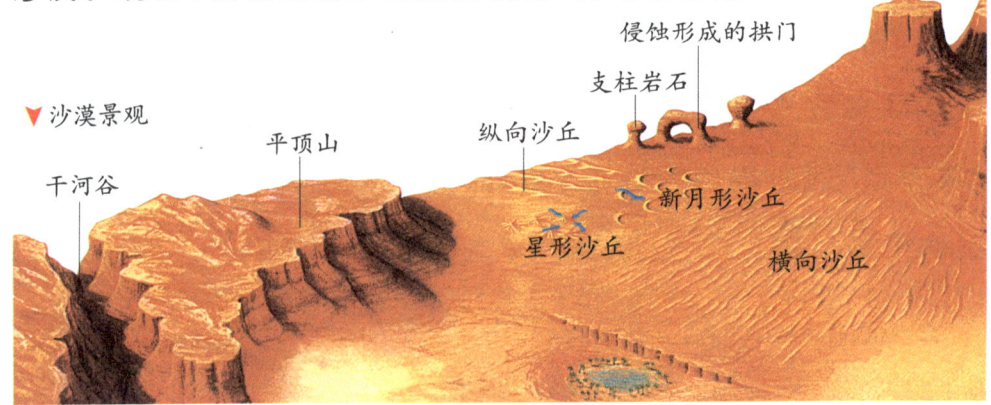

▼沙漠景观

干河谷　平顶山　纵向沙丘　星形沙丘　新月形沙丘　支柱岩石　侵蚀形成的拱门　横向沙丘

为什么沙漠地区昼夜温差大？

沙漠干旱缺水，而且组成沙漠的沙子在日照下，吸收热量的速度比富含水的物质要快得多。而在夜晚，沙子失去了日照，热量会迅速释放，温度随之迅速下降。这就使得沙漠地区的昼夜温差很大。

▲塔克拉玛干沙漠

美丽的地球

▲ 沙漠中的绿洲一般面积不大。

为什么沙漠中会出现绿洲？

沙漠里绿树成荫的地方就是绿洲。夏天，山上融化的冰雪顺着山坡流淌，当流经沙漠时，会渗入沙漠深处，变成地下水。地下水流到沙漠的低洼地带，涌出地面；或者沿着不透水的岩层流动，与来自远方的雨水在地下汇合，从岩层裂隙冲出地面。有了水，各种生物就可以生存，从而形成了绿洲。沙漠里的绿洲非常适合农作物和其他植物的生长。

▼ 绿洲的形成

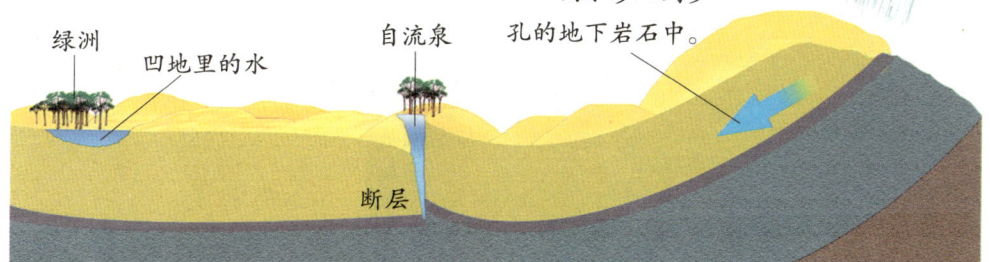

135

沙漠中的沙子都是黄色的吗？

沙漠中的沙子不只是黄色，这主要是因为沙漠中的沙子所含的矿物不同。如澳大利亚的辛普森沙漠的沙子里含有铁，呈现出红色；美国南部的路索罗盆地有一片沙漠，沙子里含有石膏质，呈现出白色；而亚利桑那沙漠的沙子里含许多种颜色的矿物质，因此呈现出多变的颜色。

▲ 白色的沙漠

为什么有的沙子会"唱歌"？

世界上许多地方的沙子都会"唱歌"，这就是鸣沙现象。鸣沙现象与当地的气候有密切关系。沙漠地区干燥的天气和阳光的照射会使沙子带电。风刮起来时，沙子之间相互撞击，就会产生放电现象，同时发出响声，沙子也就唱起歌来了。

▲ 我国甘肃的鸣沙山

美丽的地球

▲ 茫茫沙海中的月牙泉

为什么月牙泉不会干涸？

月牙泉位于鸣沙山，山谷中蕴藏着丰富的泉水，泉水依山势自西向东渗流而下，不断注入月牙泉中，使得月牙泉的水总能得到补充。所以，尽管月牙泉地处干燥的沙漠，但是却永不干涸。

为什么沙丘会移动呢？

在沙漠中，由于石头、植物等能阻碍气流，使部分沙子在顺风一侧堆积起来，形成沙丘。当沙丘向风的一面风速加大时，被吹起的跳跃沙粒就会向上运动，落到沙丘的另一侧，使这一侧成为陡峭的滑面。当滑面越来越陡时，顶部的沙子会从陡峭的滑面滑下，沙丘便移动起来。

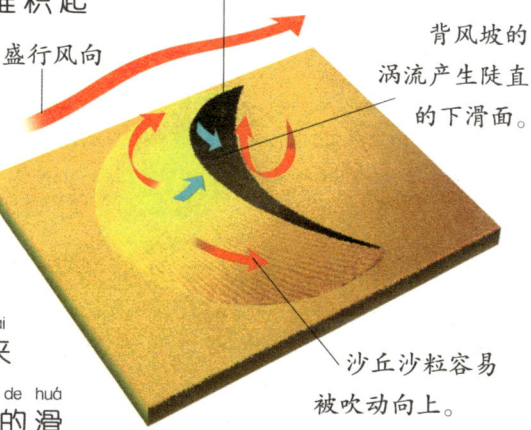

▲ 新月形沙丘的移动

▲沙尘暴的形成与森林植被被严重破坏有很大关系。

为什么会出现沙尘暴？

沙尘暴出现的时候，大风卷起漫天的黄沙，天空变得灰蒙蒙的。沙尘暴的出现和许多因素都有关系，例如森林大面积减少、植被破坏、物种灭绝、气候异常等。其中，人口过度增长导致森林、土地等自然资源的过度开发，使土地缺少植被的保护，是沙尘暴出现的最主要原因。

为什么森林能够防风？

森林中的树木排着队，当大风刮来时，树们"手拉手"组成防护墙，挡住风的去路，迫使大风绕道而行。即使风钻进林中，也会遇到树枝和树叶的阻拦，风力不断减弱。所以，森林能防风。

散布在林冠之上的树冠

茂密的森林顶层形成林冠。

大多数动物生活在这里

▲森林的结构示意图

为什么说森林是"绿色空调"？

森林里冬暖夏凉，就像有一台空调在工作，这是怎么回事呢？原来，夏天时，树木进行光合作用和蒸腾作用的速度比较快，能迅速把水分释放到空气中，水分的蒸发带走了热量，使得森林里很凉快；冬天时，树木的光合作用和蒸腾作用都慢吞吞的，热量很难散发出去，森林里就比较暖和。

▲ 森林可以使我们的生活环境更舒适。

为什么森林能制造大量氧气？

森林中的树木像很多植物一样，在阳光的照射下，会进行一种生理反应，即光合作用。植物在进行光合作用时，通过叶子中的叶绿体，利用光能，把二氧化碳和水合成有助于植物生长的有机物，同时放出氧气。众多植物一起进行光合作用，使森林像一个"氧气工厂"，释放出大量氧气。

▶ 森林能制造氧气。

为什么晴空是蔚蓝色的？

空气是无色的，那为什么晴空是蔚蓝色的呢？这是因为太阳光可见光中的红、橙、黄、绿四种颜色的光波能迅速穿过大气层到达地面。蓝、靛、紫色光容易被空气中的微粒阻挡，向四面八方散射，而蓝光散射得最厉害，同时靛、紫色光又容易被空气吸收，于是，晴空便呈现蔚蓝色。

▼太阳光的光谱

红色　橙色　橙黄色　黄绿色　　绿色　　蓝绿色　　蓝色　　紫蓝色 紫色

为什么雨后会出现彩虹？

太阳光中包含着红、橙、黄、绿、蓝、靛、紫七种颜色的光。雨过天晴时，天空中仍残留着一些小水珠，白色的阳光就会被小水珠折射和反射。由于不同颜色的光折射的本领有高有低，所以它们通过水珠时会被射到稍微不同的方向，这样，各种颜色的光就分散出来，形成了五颜六色的彩虹。

▶彩虹出现的原理和三棱镜折射太阳光有相似之处。

美丽的地球

▲ 彩虹出现在大雨过后的晴空中。

冬天可以看到彩虹吗？

冬天时，我们一般看不到彩虹。因为彩虹出现有一个基本前提，即空中要有小水珠。冬天的气温较低，空中不容易存在小水滴，而且，冬天下阵雨的机会也少，所以一般不会有彩虹出现。

为什么会有环形彩虹？

通常在雨后，我们只能见到半弧形的彩虹，其实，自然界中还会出现环形的彩虹。如果天空中有卷层云，空中会飘浮着无数冰晶，当太阳光通过卷层云时，光线透过冰晶，会发生两次折射，就会分散出各种颜色的光束，形成环形彩虹。

▲ 环形彩虹在飞机上才可以看到。

海市蜃楼是怎么形成的？

海面上空有时会出现高楼等景象，这就是"海市蜃楼"。当阳光穿过高空和地面不同温度的空气层时，会发生折射和反射，光的传播方向随之发生变化。当这些光线进入眼睛时，我们就会看到地面以下或远处的物体的影像出现在眼前，即"海市蜃楼"。

▲ 海市蜃楼

绚丽的极光是如何形成的？

太阳内部和表面进行着各种反应，所产生的带电微粒像风一样"吹"向四面八方。当这种"太阳风"吹入地球两极外围的高空大气时，就会与气体分子猛烈撞击，并产生发光现象。极光就这样形成了。

▲ 极光形状不一，绮丽无比。

▼佛光的形成

偏斜的太阳
观察者处在高处，阳光要能够照到他。
观察者的前下方要有稳定的浓密云雾。
后方的云雾层发生反射作用，再由前方的云雾层衍射分光。
观察者俯视前下方，可以看到佛光。

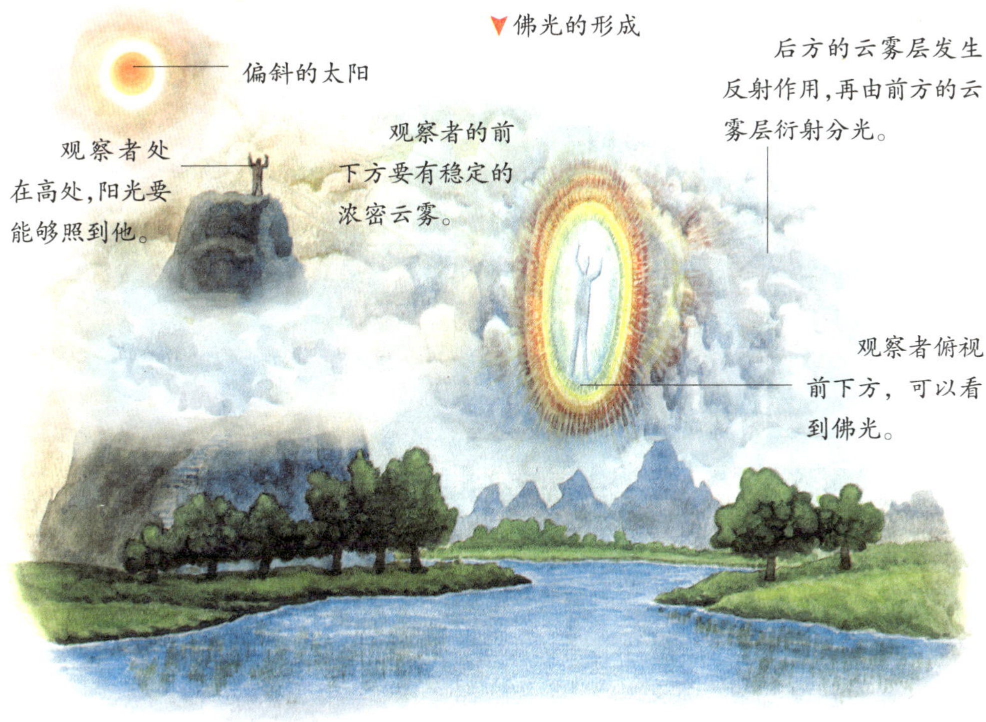

奇妙的佛光是怎么回事？

rén men dēng shàng é méi shān shān dǐng hòu huì kàn dào yún wù jiān yǒu zì jǐ de shēn yǐng zhōu wéi
人们登上峨眉山山顶后，会看到云雾间有自己的身影，周围
hái tào zhe cǎi sè guāng huán zhè jiù shì fó guāng zhè shì zěn me huí shì ne qí shí fó guāng de
还套着彩色光环，这就是佛光。这是怎么回事呢？其实，佛光的
yuán lǐ yǔ cǎi hóng yǒu xiē xiàng tài yáng guāng xiàn shè rù yún wù zhōng jīng guò yún wù zhōng de bīng jīng huò
原理与彩虹有些像，太阳光线射入云雾中，经过云雾中的冰晶或
shuǐ dī de fǎn shè zhé shè hé yǎn shè děng fù zá de guāng xué zuò yòng jiù huì chǎn shēng xū huàn de yǐng
水滴的反射、折射和衍射等复杂的光学作用，就会产生虚幻的影
xiàng fó guāng
像——佛光。

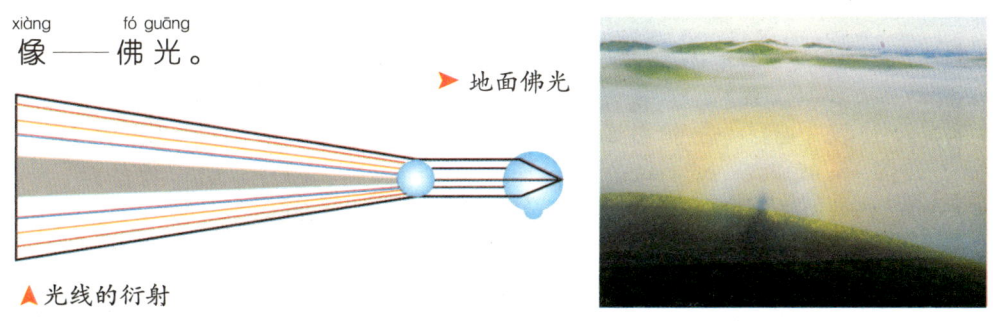

▲光线的衍射

► 地面佛光

风是怎么形成的？

其实，风就是流动着的空气。地球上任何地方都在吸收太阳的热量，但是地面每个位置所接收到的热量多少不同，有的空气偏冷，有的空气偏暖。较热的空气膨胀变轻，会上升；较冷的空气冷却变重，会下降。这样，冷空气和暖空气之间产生流动，形成了风。空气流动较慢时，形成"温柔"的微风；流动很快时，就会刮起"粗暴"的大风。

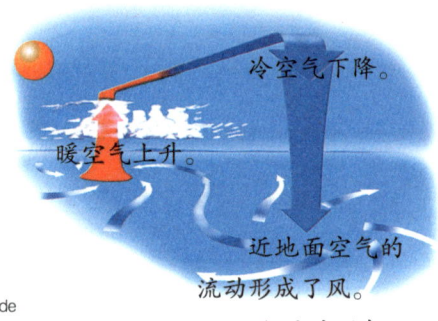

▲ 风的形成

风的大小是用什么来表示的？

风的大小是用风力等级来表示的。通常，我们把风的大小划分为13个等级。其中，三级以下的风会使我们感觉比较舒适；四、五级风会使小树摇动；七、八级风会令人迎风行走时寸步难行。

▲ 风力等级

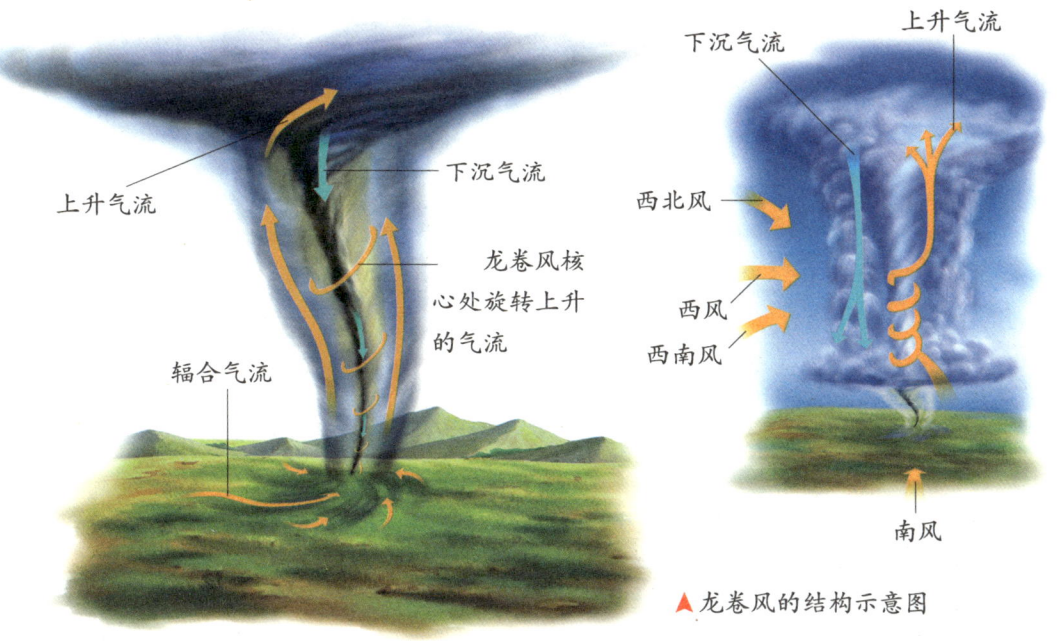

▲龙卷风的结构示意图

为什么会刮龙卷风？

当潮湿的空气处于温度较高的环境中时,就会热得"坐卧不安",并剧烈地抖动。由于这部分空气各处温度不均衡,所以冷空气急剧下降,热空气迅速上升,使空气对流的速度变得非常快,空气就会形成旋转滚动的小旋涡。这些小旋涡很"好动",逐渐扩大并剧烈地震荡,结果就使地面上刮起了剧烈的龙卷风。

▶ 龙卷风会刮起大量物体。

云是怎样形成的?

云是潮湿空气在上升时形成的。潮湿空气在上升时,会消耗自身的热量,结果使它的温度下降。当温度降到一定程度时,就会有一部分水汽凝结成小水滴或小冰晶。许许多多的小水滴和小冰晶聚集在一起,就会形成我们所看到的云。

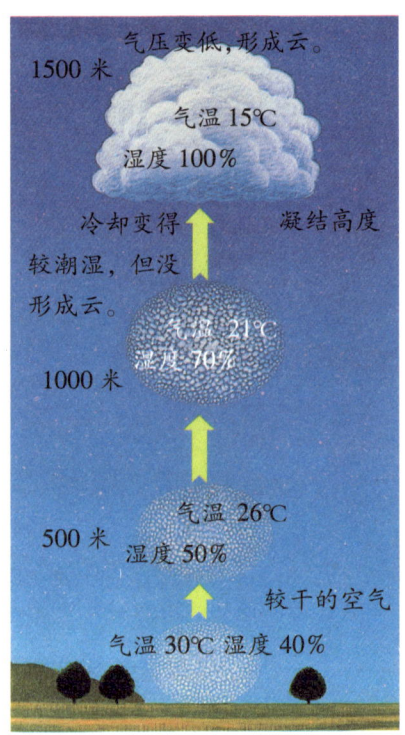

◀云的形成示意图

为什么云彩有明有暗?

云彩之所以有的明亮,有的发暗,是因为它们的薄厚程度不同:有的云只有几十米厚,而有的却有几千米厚。由于光线很容易透过薄的云,所以薄的云比较明亮;相反,厚的云使得太阳光很难穿过,所以看上去发暗。

◀天上的云彩有明有暗。

美丽的地球

▲ 各种形状的云

为什么云彩的形状千变万化？

云彩多变的形态是由多种原因决定的，比如大气中的温度、湿度和风等。另外，云就像气体和水一样，本身没有固定的形状，只要它所处的环境稍有变动，它就很容易变化形状。云朵形状的变化反映了天空中空气的变化情况，所以，有经验的人还能根据云彩的形状判断天气情况呢！

为什么会下雨?

雨与云的关系很密切,一般情况下,在雨来临前,天空中往往会积聚许多云。原来,云是由许多依附在空气杂质上的小水滴组成的。当这些小水滴凝结成足够大的雨滴时,由于受到的重力越来越大,便无法继续飘浮在空中,它们只好"不情愿"地落向地面,最终形成雨。

云滴 0.02 毫米
雾滴 0.15 毫米
毛毛雨 0.5 毫米以
小雨 1 毫米
中雨 2 毫米
雷阵雨 3 毫米

▲ 云滴和雨滴的大小

干雨是怎么回事?

在沙漠地区,有时会下起雨来,但是,雨滴却落不到地面上,我们把这种雨叫做干雨。这是因为沙漠酷热干燥,当天空出现降雨时,雨滴来不及落到地面,就在半空中被蒸发掉了。

▼ 沙漠中的干雨也被称为幻雨。

酸雨是怎么形成的？

酸雨就是雨滴中含有酸性物质的雨。我们在日常生活中所用的主要燃料煤、石油或者天然气在燃烧后，会产生二氧化硫、氮氧化物等新的化学物质。这些化学物质如果排放到空气中，就会形成各种各样的小酸滴。等到下雨时，小酸滴会与雨点一同落下来，雨也就成了酸雨。

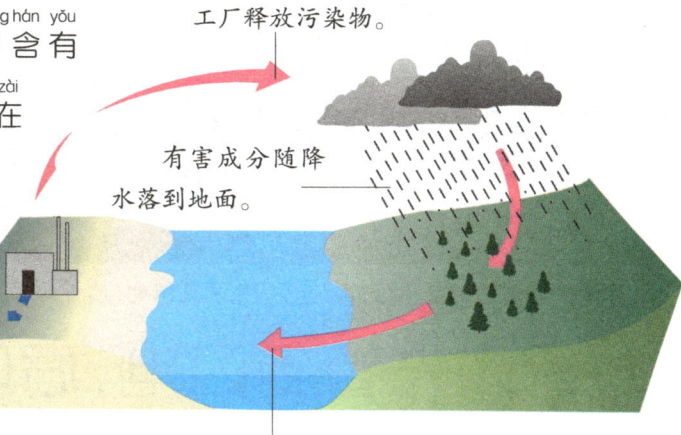

▲ 酸雨的循环

雷电是怎么产生的？

雷电常常随着暴雨而来。原来，云中的不同成分相互摩擦会使云层带电。当电量积累到一定程度，就会在云层内部释放。另外，还有一部分电量击穿云层，在云与地面之间释放，形成闪电。云层放电时，会释放出很多热量，使周围的空气很快受热膨胀，发出很大的声音，这就是雷声。

▲ 闪电在向大地"发威"。

▲ 闪电和打雷同时发生,但我们总是先看见闪电,后听到雷声。

为什么先看到闪电,后听到雷声?

事实上,闪电和雷是同时发生的。但是闪电是光,光在空气中的传播速度约每秒30万千米。而打雷传来的是声音,声音在空气中的传播速度每秒只有340米。由于光速比声速快得多,所以,我们总是先看到闪电,片刻之后才能听到隆隆的雷声。

为什么夏天会下冰雹?

夏天,近地面的暖湿空气上升,与上层冷空气快速对流。云层中的水滴在对流的低温下结成冰晶,水滴冻结在冰晶表面,就形成了冰雹。冰雹大到云层撑不住时,就会掉到地面上。

◀ 冰雹

冬天也会下冰雹吗?

一般情况下,冬天不会下冰雹。因为冰雹来自于积雨云,而积雨云只有在光照强烈的夏天才容易形成。冬天时,积雨云产生的条件(地表气温高,上层空气温低等)不具备,所以不会下冰雹。

▶ 冰雹的形成

雪是怎么形成的?

雪和雨及冰雹一样,也是一种降水形式。在冬季,高空的温度很低,一般在0℃以下,云中的水汽能直接凝结成冰而形成雪晶,雪晶继续长大,就形成雪花飘下来了。如果云中的水汽特别丰富,雪花可以长得很大很大,形成大雪片,甚至雪团。

▲ 雪晶在降落时,通常会在暖和的空气中融化,当它们再彼此渗透为一体时,就形成了雪花。

▲ 绿色的雪

雪都是白色的吗？

雪花是透明的，但由于雪花表面凹凸不平，太阳的光线照在雪花上面会发生折射和反射，再加上大量的雪花堆在一起，看起来雪就是白色的了。但在北冰洋附近有绿颜色的雪。这是因为北冰洋地区有很多含有叶绿素的藻类，大风把这些藻类吹到天空中，使其与雪花粘在一起，雪就变成绿色了。

雪花都有六个瓣吗？

下雪的时候，如果你把雪花放在放大镜下观察，就会发现雪花的形态多种多样，不过它们都有六个瓣。原来，形成雪花的小冰晶都是天然的六角形颗粒，所以雪花都有六个瓣。

▲ 如果在雪天仔细观察，你会发现雪花大都是六角形的。

美丽的地球

雪花的形状都一样吗？

虽然雪花都有六个瓣，但是，雪花的形状却是多变的：有的像星星，有的像纽扣，有的带着"树杈"……雪花形态的多变是因为形成雪花的雪晶是多种多样的，而雪花在长大的过程中仍旧保持最初雪晶的形态。

▶ 雪花的形状千变万化。

为什么说瑞雪兆丰年？

冬季的天气寒冷，雪不易融化。盖在土壤上的雪里藏着许多空气，由于空气不易传热，所以雪下面的温度不会降得很低，使得庄稼不会被冻坏。春天，雪融化后，雪水留在土壤里，会滋润即将发芽的庄稼。另外，雪中还有很多氮化合物，这些物质是很好的肥料。所以，冬季的大雪是丰收的预兆。

▼ 瑞雪会带来大丰收。

为什么会发生雪崩?

雪崩的发生与积雪的厚度有很大关系。当阳光照射在积雪较厚的山坡上时,表层的积雪会逐渐融化,雪水渗入积雪的底部,使积雪层与山坡之间的摩擦力减小。如果这时发生了地震,或者有动物或人踩踏雪面,甚至是很小的震动,积雪都有可能顺着山坡下滑,导致雪崩发生。

▲新雪初降,加重了山坡积雪的重量。

▲新加重量以及积雪融化,容易导致雪崩。

为什么在雪山上不能大声说话?

我们已经知道,震动有可能引起雪崩。大到一次地震、一阵狂风、一次新的降雪,小到滑雪者的体重甚至稍大一点的说话声,都可能引发雪崩。所以,在雪山上,人们不能大声说话。

◀攀登雪山时,不能大声说话。

雾是怎么形成的？

如果你用冰块从上部接近装有水的瓶口，冰块下面的空气受冷下降到瓶内，使瓶内气温降低，瓶内水面以上便会出现"白气"。雾的形成和"白气"的形成道理一样，是水蒸气受冷凝结而成的。雾由大气中无数微小的水滴和冰晶组成，它可以使空气混浊，能见度降低。

雾会使我们看不清楚远处的物体。

霜和露是一回事吗？

虽然露和霜常出现于植物的叶子上，但它们不是一回事。在温暖季节的清晨，我们在草、树叶及农作物上看到的一颗颗如珍珠般晶莹剔透的小水珠是露。而霜则常出现在寒冷季节的清晨，它们附着在草叶、土块等低矮物体上，是一层小冰晶。

▼霜是层状的，出现在寒冷的季节。　　▼露是一种小水珠，常出现在温暖的夏季。

地球上的水会相互转化吗?

水有气态、液态和固态三种形式,它们在陆地、海洋和大气间不断转化,也就是进行水循环。水主要通过海洋的蒸发作用和植物的蒸腾作用进入大气,成为水汽;水汽受冷凝结成云后,再落回地面成为降水。回到地面的水成为河流或冰川,并渗入土壤和岩石中,或被储存在湖泊、海洋和生物细胞中。

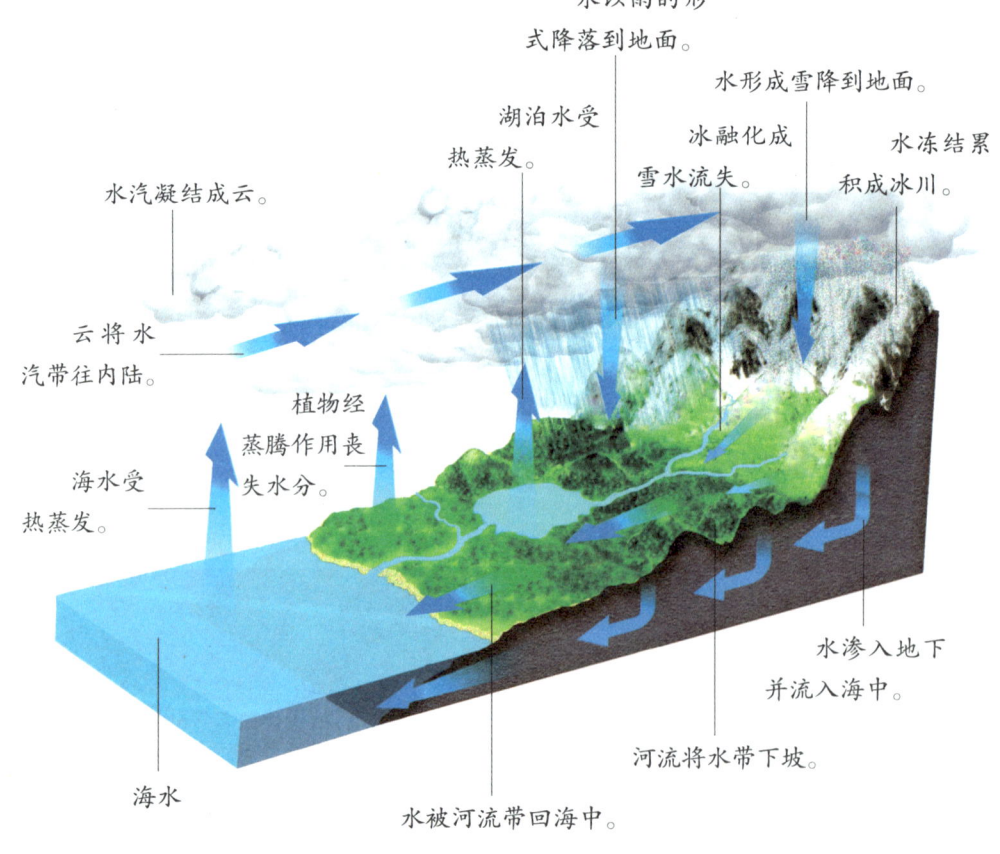

▲ 水循环的过程

美丽的地球

▲厄尔尼诺现象导致很多地区严重干旱。

什么是厄尔尼诺现象?

厄尔尼诺现象最早发现于秘鲁沿岸,由于它常发生在圣诞节前后,因此被当地渔民命名为厄尔尼诺,意为"圣婴"。现在,它已经扩展到了许多地方。厄尔尼诺现象出现时,海水温度上升,水中浮游生物大量减少,赤道太平洋地区发生洪涝或干旱灾害。它还会使原本干旱少雨的地方发生洪涝,而多雨的地方干旱少雨。

什么是拉尼娜现象?

拉尼娜现象是赤道东太平洋水温异常降低的现象。拉尼娜现象多数是跟在厄尔尼诺现象之后出现的,出现拉尼娜现象的时候,很多地区都会发生洪涝灾害,同时全球的气候也会发生混乱。

▲拉尼娜现象使一些国家的沿海渔业大受打击。

为什么地球会变暖？

地球变暖主要是因为地球上二氧化碳等吸热性强的气体的增加。这些气体是一种无形的"玻璃罩"，会使太阳辐射到地球上的热量无法向外层空间发散。由于人类的生产活动使得这些气体不断增加，而可以吸收它们的植被却迅速减少，所以地球上的热量越来越难以散发出去，地球就变暖了。

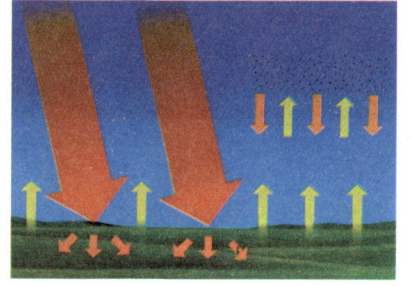

▲ 大气中的二氧化碳有保持大气温度的作用。

天气预报是怎么做出来的？

天气预报前，气象站要进行气象观测。气象站配有天气雷达，与气象卫星组成全球大气监测网。这个监测网每天在规定时间观测，然后将相关情况转发世界各地。各气象站的计算机将收集到的数据进行处理和运算，就可预知天气变化情况。

风速仪测量近地面的风速。

百叶箱置放温度计和湿度计。

日照计用于记录一天的日照时间长短。

蒸发盘记录水的蒸发量。

雨量计露天放置，采集和测量24小时的降雨量。

自动雨量计自动在图表上记录降雨量。

为什么说地下有个"大热库"?

从地面向下,随着深度的增加,温度在不断增高。所以,地球内部有巨大的热量,而且这些热量每时每刻都在向地面散发着。从地下喷出的温泉和火山爆发喷出的岩浆就是地热散发的表现。难怪人们都说地下有个"大热库"呢。

▶ 美国的黄石国家公园地热活动十分明显。

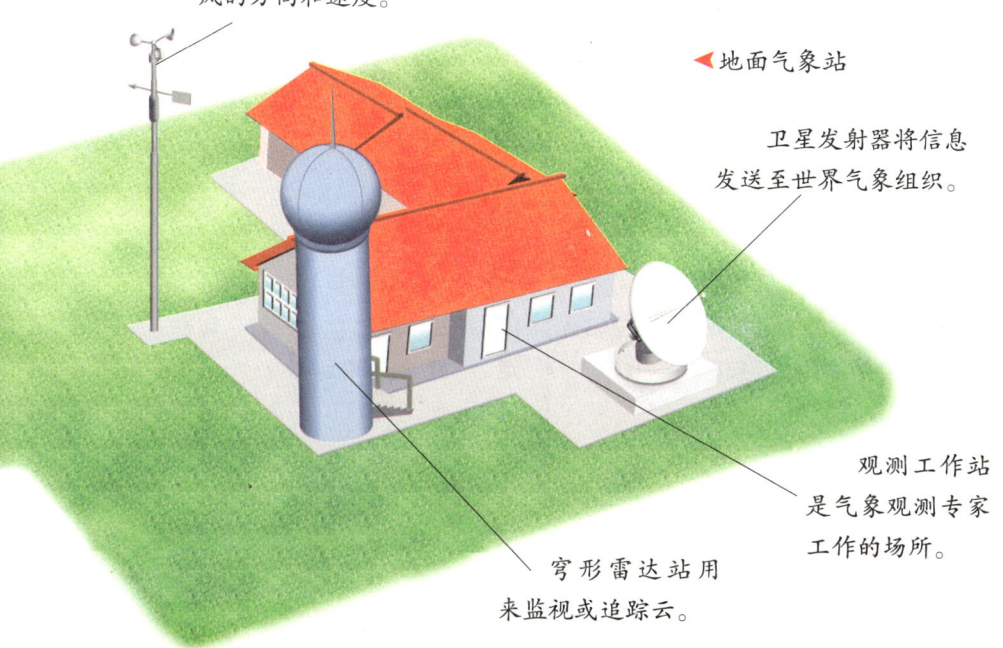

高空风向标和高空风速仪测量风的方向和速度。

◀ 地面气象站

卫星发射器将信息发送至世界气象组织。

观测工作站是气象观测专家工作的场所。

穹形雷达站用来监视或追踪云。

图书在版编目（CIP）数据

宇宙·地球／龚勋主编． —汕头：汕头大学出版社，2012.1（2021.6重印）
ISBN 978-7-5658-0496-0

Ⅰ.①宇… Ⅱ.①龚… Ⅲ.①宇宙—少儿读物②地球—少儿读物 Ⅳ.①P159-49②P183-49

中国版本图书馆CIP数据核字（2012）第003255号

宇宙·地球
YUZHOU DIQIU

总 策 划	邢 涛	印 刷	唐山楠萍印务有限公司
主 编	龚 勋	开 本	705mm×960mm 1/16
责任编辑	胡开祥	印 张	10
责任技编	黄东生	字 数	150千字
出版发行	汕头大学出版社	版 次	2012年1月第1版
	广东省汕头市大学路243号	印 次	2021年6月第7次印刷
	汕头大学校园内	定 价	37.00元
邮政编码	515063	书 号	ISBN 978-7-5658-0496-0
电 话	0754-82904613		

● 版权所有，翻版必究 如发现印装质量问题，请与承印厂联系退换